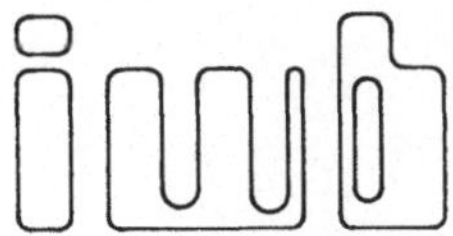

Forschungsberichte · Band 30

**Berichte aus dem
Institut für Werkzeugmaschinen
und Betriebswissenschaften
der Technischen Universität München**

Herausgeber: Prof. Dr.-Ing. J. Milberg

Alois Tauber

Modellbildung kinematischer Strukturen als Komponente der Montageplanung

Mit 93 Abbildungen

Springer-Verlag Berlin Heidelberg GmbH 1990

Dipl.-Ing. Alois Tauber
Institut für Werkzeugmaschinen und Betriebswissenschaften (iwb), München

Dr.-Ing. J. Milberg
o. Professor an der Technischen Universität München
Institut für Werkzeugmaschinen und Betriebswissenschaften (iwb), München

D 91

ISBN 978-3-540-52911-8   ISBN 978-3-662-08794-7 (eBook)
DOI 10.1007/978-3-662-08794-7

Geleitwort des Herausgebers

Die Verbesserung der Fertigungsmaschinen, der Fertigungsverfahren und der Fertigungsorganisation im Hinblick auf die Steigerung der Produktivität und die Verringerung der Fertigungskosten ist eine ständige Aufgabe der Produktionstechnik. Die Situation in der Produktionstechnik ist durch abnehmende Fertigungslosgrößen und zunehmende Personalkosten sowie durch eine unzureichende Nutzung der Produktionsanlagen geprägt. Neben den Forderungen nach einer Verbesserung von Mengenleistung und Arbeitsgenauigkeit gewinnt die Steigerung der Flexibilität von Fertigungsmaschinen und Fertigungsabläufen immer mehr an Bedeutung. In zunehmendem Maße werden Programme, Einrichtungen und Anlagen für rechnergestützte und flexibel automatisierte Produktionsabläufe entwickelt.

Ziel der Forschungsarbeiten am Institut für Werkzeugmaschinen und Betriebswissenschaften der Technischen Universität München (iwb) ist die weitere Verbesserung der Fertigungsmittel und Fertigungsverfahren im Hinblick auf eine Optimierung der Arbeitsgenauigkeit und Mengenleistung der Fertigungssysteme. Dabei stehen Fragen der anforderungsgerechten Maschinenauslegung sowie der optimalen Prozeßführung im Vordergrund. Ein weiterer Schwerpunkt ist die Entwicklung fortgeschrittener Produktionsstrukturen und die Erarbeitung von Konzepten für die Automatisierung des Auftragsdurchlaufs. Das Ziel ist eine Integration der technischen Auftragsabwicklung von der Konstruktion bis zur Montage.

Die im Rahmen dieser Buchreihe erscheinenden Bände stammen thematisch aus den Forschungsbereichen des iwb: Fertigungsverfahren, Werkzeugmaschinen, Fertigungs- und Montageautomatisierung, Betriebsplanung sowie Steuerungstechnik und Informationsverarbeitung. In ihnen werden neue Ergebnisse und Erkenntnisse aus der praxisnahen Forschung des iwb veröffentlicht. Diese Buchreihe soll dazu beitragen, den Wissenstransfer zwischen dem Hochschulbereich und dem Anwender in der Praxis zu verbessern.

Joachim Milberg

Vorwort

Die vorliegende Dissertation entstand während meiner Tätigkeit als wissenschaftlicher Mitarbeiter am Institut für Werkzeugmaschinen und Betriebswissenschaften (iwb) der Technischen Universität München.

Besonders danken möchte ich Herrn Prof. Dr.-Ing. J. Milberg, dem Leiter des Instituts, der mir die Bearbeitung der Thematik ermöglichte und durch kritische Anregungen und wertvolle Hinweise meine Arbeit stets wohlwollend unterstützte. Unter seiner Anleitung war es mir möglich, neben der Forschung im Rahmen dieser Arbeit, auch die Anforderungen der industriellen Praxis kennenzulernen.

Herrn Prof. Dr.-Ing. G. Duelen, dem Direktor des Bereichs Automatisierungstechnik des Fraunhofer-Instituts für Produktionsanlagen und Konstruktionstechnik (IPK) der Technischen Universität Berlin, danke ich für die aufmerksame Durchsicht der Arbeit und die sich daraus ergebenden Anregungen.

Schließlich möchte ich mich bei allen Mitarbeiterinnen und Mitarbeitern des Instituts sowie allen Studenten, die mich bei der Erstellung der Arbeit unterstützt haben, recht herzlich bedanken.

München, im März 1990 *Alois Tauber*

Inhaltsverzeichnis

Verzeichnis verwendeter Formelzeichen

A	homogene Transformationsmatrix (Denavit-Hartenberg-Matrix)
a, h	Denavit-Hartenberg-Parameter
B	magnetische Feldstärke
C	Federsteifigkeit
C	konstante Transformationsmatrix
d	Achswinkel
D	Dämpfungskonstante
D	Dämpfungsmatrix
DV	Ableitung der variablen Transformationsmatrix V nach q
$A e_{x,B}, A e_{y,B}, A e_{z,B}$	Einheitsvektoren des Systems B in Koordinaten des Systems A
f	Freiheitsgrad
f_a, m_a	aktive äußere Kräfte und Momente
F	Frame bzw. äußere, zeitabhängige Kräfte
G	Funktion, abhängig von Achsvariablen
I	Strom
J	Jakobimatrix bzw. Trägheitstensor
k	Proportionalitätsfaktor
K	von Lage und Geschwindigkeit abhängige innere Kräfte
K_p, K_d, K_i	Verstärkungsfaktoren von P-, I-, D-Reglern
L	Induktivität
L	Transformationsmatrix
m	Masse
M	Moment
M	Massenmatrix
M_i	Transformationsmatrix

M_r	Reibmoment
n, o, a	karthesische Einheitsvektoren
p, v	homogene Koordinaten
P	Leistung
q	Achsvariable
$\dot{q}$	Achsgeschwindigkeit
$\ddot{q}$	Achsbeschleunigung
Q	Operatormatrix
r	Verschiebevektor bzw. Positionsvektor
R	Widerstand
$^A\mathbf{R}_B$	Drehmatrix
$^R\mathbf{T}_E$	homogene Transformationsmatrix des Effektorkoordinatensystems bezüglich des raumfesten R-Systems
R	Rotationsmatrix
$^A\mathbf{ROT}_B$	homogene Transformationsmatrix einer reinen Rotation
Rx, Ry, Rz	Drehmatrix einer Drehung um die x, y oder z Achse
s_{ges}	Strecke
S_i	karthesisches Zwischensystem
S_I	Inertialsystem
T_A	Abtastzeit
$^A\mathbf{T}_B$	homogene Transformationsmatrix
T_i	Transformation des Systems S_i in Koordinaten des Systems S_{i-1}
TR, K$_0$	konstante Transformationsmatrizen
TRANS	homogene Transformationsmatrix einer reinen Translation
U	Spannung
V_i	von einer Achsvariablen abhängige Transformationsmatrix
W	Transformationsmatrix, die die rechte Seite der kinematischen Gleichung beschreibt
x	Ortsvektor
x_d	Regeldifferenz
y	Stellgröße

α	Drehwinkel
μ	Reibkoeffizient
ω	Winkelgeschwindigkeiten der Teilkörper
ϖ	Rechengröße zur Darstellung des Vektorprodukts in Matrixschreibweise

1 Einleitung

1.1. Entwicklungsgeschichte der Robotertechnik

"Robotik ist die Konzipierung und der Einsatz intelligenter, mechatronischer Mehrzwecksysteme, die antropomorphe Aufgaben ohne Mithilfe eines Operateurs in einer (entfernten) Umgebung ausführen und ihre Arbeitsweise ohne externe Hilfe verbessern können".

Bereits 1940 wurde diese Definition der "Robotik" von Isaac Asimov zum ersten Mal formuliert. Die praktische Umsetzung dieser Idee von Asimov wurde zunächst in der chemischen Industrie und der Reaktortechnik versucht. Hier wurden Robotersysteme entwickelt, die Aufgaben in Gefahrenbereichen, wie radioaktiv verseuchten Räumen, übernehmen konnten. Im Verlauf der technischen Weiterentwicklung kamen Roboter zunehmend auch in Raumfahrttechnik, Meerestechnik, Medizin und Fertigungstechnik zum Einsatz.

Der Anwendungsschwerpunkt von Robotern und Manipulatoren liegt heute eindeutig im Bereich der industriellen Fertigung und Automatisierung.

Für den Einsatz von Industrierobotern[1] spricht eine Fülle von Aspekten, wie beispielsweise

- hohe Arbeitsproduktivität und Flexibilität,

- gleichbleibende Qualität durch Ausschluß subjektiver Faktoren (geringerer Ausschuß),

- Möglichkeit einer integrierten Qualitätskontrolle,

- Entlastung des Menschen durch Automatisieren von Tätigkeiten in widriger Umgebung und

- Einbindung des Roboters in den Informations- und Materialfluß als weiteren Schritt in Richtung computergestützter Fertigung (CIM).

---

[1] im folgenden mit IR abgekürzt

Große Entwicklungspotentiale neben einer industriellen Nutzung, bilden die Service-Bereiche wie zum Beispiel Haushalt, Landwirtschaft oder Medizin. Der Einsatz von Robotern in diesen Bereichen wird in starkem Maße von den Fortschritten auf den Gebieten der künstlichen Intelligenz abhängen.

Verschiedene Faktoren deuten darauf hin, daß mit den Entwicklungen des letzten Jahrzehnts erst der erste Schritt in Richtung einer umfassenden Automatisierung bisher vom Menschen ausgeführter Tätigkeiten vollzogen wurde. Zu diesen potentiellen Einsatzgebieten des IR gehören das Handhaben von Objekten (Werkzeuge, Produkte) mit wiederkehrenden Bewegungsabläufen in Beschickung und Montage, das Ausführen von Beschichtungs-, Schweiß- und Fügearbeiten, sowie eine Vielzahl von, unter widrigen Umgebungseinflüssen (Hitze, Schmutz, Lärm etc.) stattfindender Tätigkeiten.

Hinzu kommt, daß sich in den letzten Jahren in vielen Fertigungsbereichen ein Trend zu kürzeren Produktlaufzeiten und kleineren Losgrößen - und damit zu zunehmend flexiblerer Fertigung - zeigt. Ein Hauptaugenmerk wird also der Senkung von Rüst- und Durchlaufzeiten gelten. Hier bietet sich der Roboter mit seiner rasch modifizierbaren Bewegungs- und Effektorgestaltung als "universelles" Werkzeug an.

<u>Bestandsaufnahme und Perspektiven des IR-Einsatzes</u>

Waren 1974 in der BR Deutschland erst etwa 130 IR eingesetzt, von denen ein Großteil eher in Forschungslabors stand, als das sie produzierten, so betrug die Zahl für 1983 schon 4.800. Diese Zahl ist im weltweiten Vergleich (Abb. 1.1) sicherlich noch als niedrig einzuschätzen.

Hauptabnehmer für IR ist in der Bundesrepublik - ähnlich wie in den anderen Staaten - die Automobilindustrie (z.Zt. ist dort etwa jeder zweite Roboter installiert). Die Hauptanwendungsgebiete liegen im Moment noch in den Bereichen Schweißen, Beschichten, Bestücken - zunehmend jedoch auch in der Montage. Während die Installationszahlen für das Beschichten und Schweißen spektakuläre Zuwachszahlen ausschließen, und eher für eine in nächster Zukunft noch stetige Zunahme der eingesetzten Roboter sprechen, kann mit der Handhabung (Bestückung, Montage) ein großes Anwendungsfeld erschlossen werden. Während derzeit erst 2% aller Montagebetriebe einen IR nutzen, planen aber schon 13% den Einsatz eines Montageroboters. Vorraussetzung hierfür ist jedoch, daß der Roboter durch verbesserte Sensorik (zum Beispiel "Auge-Hand"-Koordination) und größere Mobilität flexibler eingesetzt werden kann [1] S.197.

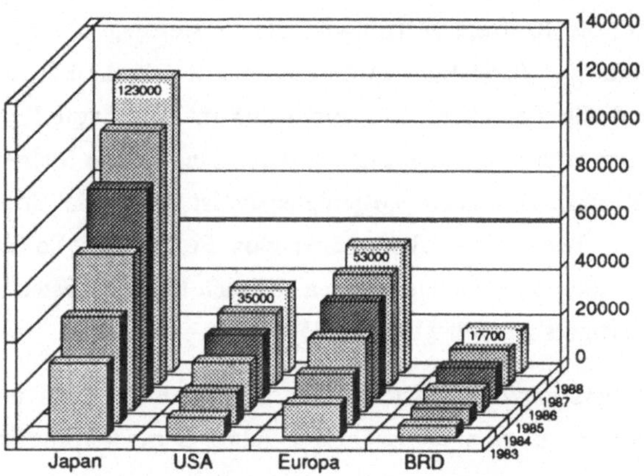

Abb. 1.1: Internationale Verteilung der Industrierobotereinsätze [75] S. 30

Das Entwicklungspotential kann anhand einiger Zahlen aus einer Studie des Robot Institute of America (RIA) verdeutlicht werden: "Das Robot Institute of America schätzt das Marktvolumen für IR in den USA auf 50 bis 100 Millionen Dollar im Jahr und auf 100 Millionen in Japan und Europa. Bis 1990 soll das Umsatzvolumen allein in den Vereinigten Staaten 3 Milliarden Dollar erreichen!". Insbesondere dürfte auch durch den o.a. Aspekt der kürzeren Produktlaufzeiten der Einsatz eines Industrieroboters für Unternehmen mittlerer Betriebsgröße zunehmend interessanter werden: 1983 war nur etwa jeder neunte Roboter in einem Unternehmen mit weniger als 500 Beschäftigten installiert [1] S.190.

1.2.   Stand der Technik in der rechnergestützten Simulation

1.2.1. Simulation in der Fertigungstechnik

Die Entwicklungslaufbahn eines Produktes läßt sich zeitlich in vier Phasen untergliedern: die Konzeption (Entwurf und Bewertung von Alternativlösungen), die Definition (Erstellung eines Lastenheftes, Vorkalkulation), die Konstruktion und die Erprobung des Produktes in Form von Prototypen. Der Entwicklungsprozeß ist gekennzeichnet durch eine stetige Steigerung der entstehenden Kosten. Besonders kostenintensiv ist dabei die Erprobungsphase mit dem Bau, Testen und Überarbeiten von Prototypen. So verursacht der Bau eines Prototypen beispielsweise ca. 20-fach höhere Kosten als ein später in Serie gefertigtes Modell [107] S. 75.

In den besonders entwicklungsintensiven Bereichen der Luft- und Raumfahrt wurden daher zu Beginn der sechziger Jahre Computerprogramme zur Simulation des kinematischen und dynamischen Bewegungsverhaltens entwickelt, die eine umfangreiche Prototypen-Erprobung soweit als möglich überflüssig machen sollten. Diese Programme waren, in Ermangelung einer breiteren wirtschaftlichen Anwendung, stark auf die untersuchten Systeme zugeschnitten.

Ausgelöst durch die explosionsartige Entwicklung der Rechnertechnologie - drastische Senkung der CPU-Kosten bei gleichzeitiger Steigerung der Leistungsfähigkeit -, verbunden mit den Entwicklungen auf dem Gebiet des "Computer Aided Design" (CAD), gewann die Bewegungssimulation auch in anderen Bereichen mit komplexen Produktstrukturen an Bedeutung.

Dem Anwender steht heute eine breite Palette an leistungsfähiger Simulations-Software zur Verfügung, mit der er jeden Aspekt der Funktionsfähigkeit des Produktes und des Produktionssystems untersuchen und durch Variation der Konstruktion optimieren kann (s. auch [11,48]).

Bei der Projektierung, Auslegung und Konstruktion von Fertigungseinrichtungen können Simulationswerkzeuge zum Beispiel für Schwingungs-,

Steifigkeits- und Kinematikuntersuchungen an Werkzeugmaschinen oder Industrierobotern oder Strömungssimulationen für die Reinraumtechnik eingesetzt werden. Verschiedenenen Aufgabenstellungen können geeignete Simulationsmodelle zugeordnet werden, die sich nach Komplexität in Anlagen-, Zellen-, Maschinen- und Komponentenebene hierarchisch gliedern lassen (s. Abb. 1.2). Weiterhin läßt sich eine Unterscheidung nach Anwendungen im Fertigungs- oder Montagebereich treffen. Die Werkzeuge entsprechen sich jedoch zum Teil. Auf der Anlagenebene werden zur Planung flexibler Fertigungssysteme oder Montageanlagen Ablaufsimulationssysteme eingesetzt. Das zeitliche und kapazitive Verhalten der Anlagen wird untersucht. Layout- und Materialflußkonzepte können mit verschiedenen Steuerungsstrategien kombiniert und verglichen werden. In der Zellenebene wird eine Maschinengruppe betrachtet. Neben zeitlichen Abläufen (Zellensteuerung) stehen Bewegungsanalysen und Layout-Optimierungen im Vordergrund. Einzelne Maschinen werden auf der nächst niedrigeren Ebene in ihrem Verhalten simuliert. Beispiel ist die dynamische Simulation einer Roboterbewegung zur Verbesserung der Regelalgorithmen und der Antriebe oder die FE-Steifigkeitsanalyse einer vollständigen Werkzeugmaschine. Einzelne Komponenten dieser Fertigungsmaschinen wie z.B. ein Werkzeugmaschinenantrieb oder eine nachgiebige Greiferaufhängung für einen IR können auf der nächst niedrigeren Ebene in ihrem Verhalten nochmals genauer analysiert werden. Diese Übersicht zeigt, daß für Fertigungsprozesse verschieden detaillierte Simulationsmodelle zur Verfügung stehen, die je nach Komplexität der Aufgabenstellung zur Anwendung kommen. Entwicklungszeiten lassen sich durch konsequente Anwendung der Simulationstechnik gegenüber dem bisherigen Vorgehen, das durch umfangreichen Prototypenbau und lange Inbetriebnahmephasen gekennzeichnet ist, deut'lich reduzieren. Um die Effektivität der Planung zu steigern, müssen die Ergebnisse der einzelnen Hierarchiestufen über eine "vertikale Integration" der Simulationswerkzeuge untereinander ausgetauscht werden können.

Die Aufgabe läßt sich in allen Ebenen durch eine technische (die Lösung muß funktionieren) und betriebswirtschaftliche (die Lösung muß so billig wie möglich sein) Zielerfüllung beschreiben. Mit wachsendem Komplexitätsgrad steigt dabei die Rangordnung der betriebswirtschaftlichen Zielerfüllung, da das gebundene Kapital höher ist und Fehlplanungen höhere Kosten nach sich ziehen würden.

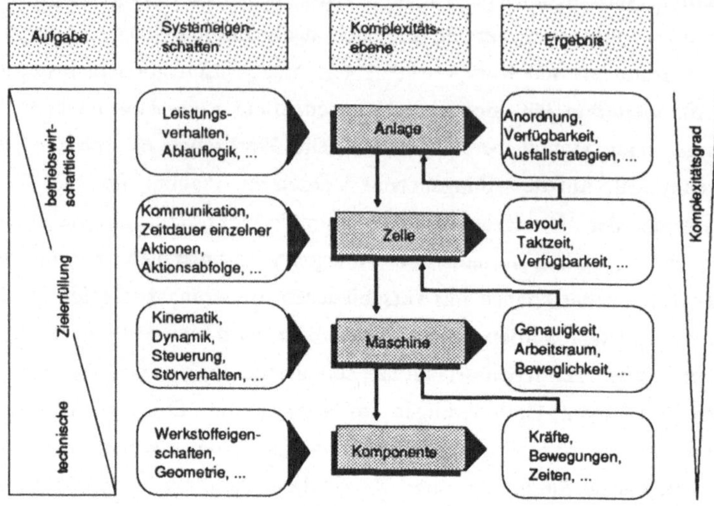

Abb. 1.2: Vertikale Integration von Simulationswerkzeugen zum Entwurf von Fertigungseinrichtungen

Zusammen mit den jeweiligen Systemeigenschaften ergibt sich in jeder Komplexitätsebene ein Ergebnis, welches als Input für die nächste Abstraktionsstufe (z.B. über eine gemeinsame Datenbank) genutzt wird. Als Beispiel sei hier ein Teilaspekt bei der Auslegung eines Roboters erwähnt: mit einer definierten Armsteifigkeit können bestimmte Kräfte aufgenommen werden (Komponentenebene). Die Steifigkeitswerte ergeben zusammen mit den Steuerungseigenschaften und weiteren physikalischen Parametern (z.B. Art der Kopplung der einzelnen Arme) in der nächst höheren Ebene eine bestimmte Genauigkeit bei der Ausführung von Bewegungen. Die Maschine mit ihren Eigenschaften ist wiederum Teil einer Zelle, in der die auszuführende Aufgabe z.B. "Montiere Teil A an Teil B" lautet. Aufgrund der Charakteristiken einer tieferliegenden Ebene kann in der höherliegenden Ebene entschieden werden, ob eine Aufgabe überhaupt ausführbar ist. Das Auffinden der geeigneten Objekte einer Abstraktionsstufe kann in der Simulation datenbankunterstützt durchgeführt, die gefundenen Alternativen visualisiert und die geeignetste Variante ausgesucht werden.

Innerhalb der Simulation von Fertigungseinrichtungen ist vorliegende Arbeit - legt man obige hierarchische Gliederung zugrunde - in der Maschinenebene angesiedelt.

1.2.2. Bewegungssimulation

Parallel mit der Entwicklung leistungsfähiger Graphikcomputer wurden in den letzten Jahren an verschiedenen Hochschulinstituten und Firmen Bewegungssimulationssysteme geschaffen [3,12,13,29,50,51,52,53,86,103,105,106]. Bei manchen Systemen wurde hierzu der Kern von CAD-Systemen benutzt und ein Anwendermodul aufgesetzt [13,105]. Andere Ansätze basieren auf eigenständigen Programmen mit Geometriemodellierern oder Standardschnittstellen zu CAD-Systemen zur Übernahme der Geometriedaten [3,12,50,51,52,53,86, 105]. Da kaum ein Montageplaner "in karthesischen Koordinaten denken", geschweige denn sich die Bahn eines Roboterarmes von einem Punkt (400, 500, 600) zu einem anderen Punkt (800, -300, 900) vorstellen kann, war der Haupteinsatzzweck zunächst die Robotersimulation. Der Leistungsumfang dieser Programme kann grob mit "Layoutentwurf für Arbeitszellen" und "Programmierung der in der Zelle enthaltenen Komponenten" umschrieben werden. Zur Arbeitszellengestaltung stehen zahlreiche Plazierungsfunktionen zur Verfügung, mit denen auf komfortable Weise schnell ein Arbeitsplatz ausgelegt werden kann. Die prozeßentkoppelte Programmierung der Roboter am Graphikbildschirm hat den Vorteil, daß die Produktionsanlage während des Programmiervorgangs nicht, bzw. nur für kurze Zeit zum Kalibrieren der off-line erzeugten Programme stillgesetzt werden muß.

Ein wesentliches Problem bei der Entwicklung eines solchen Simulationssystems stellt die realistische Nachbildung der Roboterbewegungen dar. Hierzu muß zunächst die Kinematik definiert und anschließend weitere Eigenschaften der Roboter (Kinetik, Steuerung) über Prozeduren beschrieben werden. Da ein Anwender keine allzu detaillierte Kenntnis der Roboterkinetik und -steuerung haben will, sind die Entwickler der Simulationsprogramme bestrebt, weitgehend automatisch vom System sämtliche Aspekte der Modellbildung berücksichtigen zu lassen.

Die Modellierung der Kinematik kann entweder graphikunterstützt oder über Dateien mit zusätzlicher Unterstützung durch Eingabemasken erfolgen. Diese Modellstufe ist ausreichend für die meisten Anwendungen. Wesentlich mehr Aufwand erfordert die Nachbildung dynamischer Eigenschaften, da hier sowohl die physikalischen Parameter (z.B. Masse, Trägheitsmomente, ...) als auch die Reglerkennwerte (Reglertyp und -parameter) bekannt sein müssen. Die meisten off-line-Programmiersysteme beschränken sich deshalb auf die rein kinematische Modellbildung mit gesteuerten (nicht geregelten) Roboterbewegungen.

1.2.3. Beschreibung des Robotersimulationssystems USIS

Ein rechnergestütztes Werkzeug zur Offline-Programmierung und Robotersimulation ist das Programmsystem USIS (Universal SImulation System) [50, 51,52,53,86,106]. Es wurde am Institut für Werkzeugmaschinen und Betriebswissenschaften (iwb) der Technischen Universität München entwickelt. Das System war für den Spezialfall der Robotersimulation vorgesehen, kann aber auch für die Simulation von Automaten mit beliebiger kinematischer Struktur verwendet werden. Darüber hinaus ist es möglich Steuerungskonzepte auf unterschiedlichen Hierarchieebenen (zum Beispiel Zellenrechner) zu testen. Zum Leistungsumfang von USIS gehören:

- Auswahl des für die gegebene Aufgabe optimalen Roboters,

- Finden der optimalen Anordnung der einzelnen Komponenten der Arbeitszelle (Layoutplanung),

- Erstellung und Simulation der Roboterprogramme,

- Überprüfung der Programme auf Kollisionen,

- Synchronisation der einzelnen Komponenten,

- Abtaktung der Anlage.

Bei der Entwicklung des Programms wurde besonderer Wert auf Benutzerfreundlichkeit gelegt. USIS arbeitet menügesteuert, für die einzelnen Funktionsblöcke stehen selbsterklärende Hilfsfunktionen zur Verfügung. Graphische und textuelle Informationen werden auf zwei Bildschirme aufgeteilt um die Übersichtlichkeit zu erhöhen. Durch die Verwendung eines schnellen Graphikrechners der PS300-Serie von Evans & Sutherland können sämtliche Bewegungen in Echtzeit dargestellt werden.

1.3.   Ziel der Arbeit

Gegenstand dieser Arbeit soll es nun sein, die Vorgehensweise bei der Entwicklung eines graphischen Robotermodells aufzuzeigen. Die beschriebenen Algorithmen bilden die Grundlage der Modellbildung von Mehrkörpersystemen[1] (MKS), die wiederum wesentlicher Teil des Simulationssystems USIS sind. Ausgangspunkt ist - nach einem kurzen Abriß der für das Verständnis nötigen mathematischen Grundlagen - die rein kinematische Nachbildung von Roboterbewegungen wie sie heutzutage üblicherweise in Robotersimulationssystemen eingesetzt wird. Eine weitere Präzisierung des Bewegungsverhaltens kann durch die Einbeziehung der Dynamik erreicht werden. Aus diesem Grunde werden anschließend die vorgenommenen Erweiterungen in Richtung auf eine umfassende realistische Nachbildung der Bewegungen eines Roboters erläutert.

Die beschriebene Modellbildung geht über den Aufbau handelsüblicher Roboter hinaus. Sie kann sinngemäß auf beliebige MKS, die durch Translations- und Rotationsachsen miteinander verbunden sind, erweitert werden. Der Begriff "Roboter" wird deshalb im folgenden öfters als Synonym für offene, geschlossene und/oder beliebig verzweigte, kinematische Strukturen verwendet.

---

1) 	unter Mehrkörpersystemen versteht man hier beliebige Konfigurationen von, durch "Gelenke" (Gelenke im Sinne von beliebigen Zwangsbedingungen) verbundenen Einzelkörpern. Dies können Flugzeuge, Raketen, Industrieroboter, Bodenfahrzeuge u.a. sein.

Die Modellbildung von Robotern für die Simulation gliedert sich nach Abb.
1.3 in die Generierung von dreidimensionalen Volumenmodellen für die einzelnen Komponenten (Armelemente, Antriebsstränge der Achsen), den kinematischen Aufbau, die funktionelle Beschreibung (Steuerungssprache) und die
kinetische Nachbildung (einschließlich der erforderlichen regelungstechnischen Zusammenhänge).

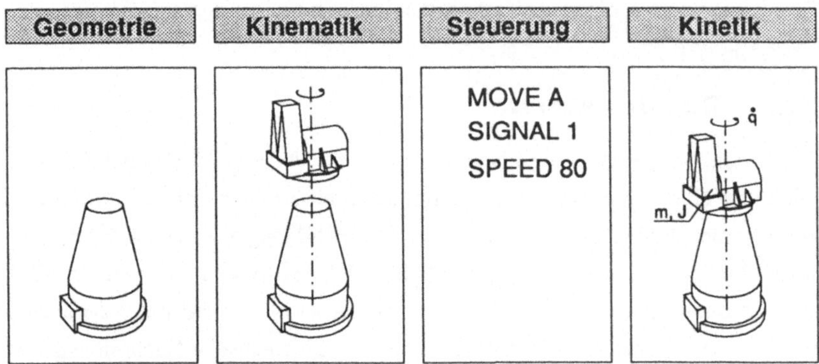

Abb. 1.3: Modellbildung für Roboter

Eine ausführliche Beschreibung der zugrundeliegenden geometrischen Modellbildung findet sich in [106] und soll deshalb im Rahmen dieser Arbeit
ausgeklammert werden. Bezüglich der kinematischen Modellierung soll nach
einem Abriß über die mathematischen Grundlagen der Koordinatentransformation und der darauf aufbauenden Beschreibung kinematischer Strukturen
besonders das Problem der Rücktransformation[1] behandelt werden. Die verschiedenen Berechnungsmethoden sollen in einem eigenen Kapitel dargestellt
werden. Auf die Rückwärtsrechnung baut die (üblicherweise karthesische)
Bahnplanung auf; sie wird am Beispiel der Linear- und Punkt-zu-Punkt-
(PTP-) bewegung erläutert.

Zur kinetischen und steuerungstechnischen Nachbildung von MKS wird zunächst eine Übersicht der Leistungsprofile moderner Computerprogramme zur

---

[1]   unter Rücktransformation versteht man die Berechnung der Achswinkel und
      -verschiebungen bei Vorgabe der Raumlage eines Armelements.

Berechnung von dynamischen Zustandsgrößen erstellt, um sie hinsichtlich ihrer Eignung für die Simulation zu untersuchen. Für ein besonders leistungsfähiges Programm (ADAMS) wird die auftretende Schnittstellenproblematik, d.h. die Abgrenzung der nötigen Funktionsbereiche, erläutert, und das Zusammenwirken von Dynamikberechnung und Bewegungssimulation behandelt.

Die Kennwerte eines realen Systems und die sich daraus ergebenden Meßverfahren werden in einem weiteren Kapitel dargestellt. Mit einer besonders aussagekräftigen Methode, der Messung der Achsgeschwindigkeitsverläufe, wird dann die Bahnplanung des realen Roboters untersucht. Daraus können einerseits die Sollwerte für die zu simulierenden Bahnen berechnet und andererseits damit die gerechneten Bewegungen validiert werden. Der hierzu erforderliche Meßaufbau wird in einem kurzen Abschnitt beschrieben.

Anhand verschiedener Rechenbeispiele wird der Leistungsumfang der entwickelten Module präsentiert, verschiedene Ergebnisse werden mit dem o.a. Meßaufbau überprüft und Gründe für Abweichungen des simulierten Modells von der Realität angegeben. Mmit einem Ausblick auf noch nötige Verbesserungen bei der Modellbildung und -validierung wird diese Arbeit geschlossen.

2 Mathematische Grundlagen zur Beschreibung kinematischer Strukturen

2.1. Definitionen

Die hier angeführten Definitionen werden im weiteren Verlauf der Arbeit immer wieder verwendet. Sie wurden zum Teil aus [23], S.1ff. übernommen:

Die räumliche Position und Orientierung eines Körpers wird durch die Definition von zwei (i.a. karthesischen) Koordinatensystemen (KOS) und den geometrischen Beziehungen zwischen beiden beschrieben:

a) Das **körpereigene Koordinatensystem** beschreibt den zu handhabenden Körper und wird mit diesem mitbewegt. Koordinatenursprung und Richtung der Achsen sind entsprechend der Körpergeometrie und Aufgabenstellung wählbar und können sich z.B. aus Schwerpunkt, Symmetrieachsen oder bestimmten ausgezeichneten Körperpunkten, -kanten oder flächen ergeben.

b) Das **Bezugskoordinatensystem** beschreibt das den Körper umgebende System. Koordinatenursprung und Richtung der Achsen sind entsprechend der Aufgabenstellung bzw. Umwelt wählbar (in der Literatur deshalb auch Weltkoordinatensystem genannt) und können z.B. durch Fertigungseinrichtungen, Handhabungseinrichtungen oder Gebäude vorgegeben werden.

Die **Nullage** ist diejenige Lage eines Körpers, in der sich das körpereigene Koordinatensystem und das Bezugskoordinatensystem decken (üblicherweise beschrieben durch den Ortsvektor $x^T = (x,y,z,\alpha,\beta,\gamma) = (0\ 0\ 0\ 0\ 0\ 0)$).

Die **Orientierung** eines Körpers ist die Winkelbeziehung zwischen den Achsen des körpereigenen Koordinatensystems und denen des Bezugskoordinatensystems.

Die **Position** eines Körpers ist der Ort, den ein bestimmter körpereigener Punkt - in der Regel der Ursprung des körpereigenen Koordinatensystems - im Bezugskoordinatensystem einnimmt.

Die **Stellung** (= räumliche Stellung) eines Körpers wird durch die Position **und** die Orientierung im vorgegebenen Bezugskoordinatensystem definiert.

Werden mehrere starre Körper durch Gelenke linear miteinander verbunden, so wird diese zusammenhängende Struktur als **kinematische Kette** bezeichnet. Das letzte Element in dieser Kette wird (in Anlehnung an einen Roboter) **Endeffektor** genannt. Das körpereigene Koordinatensystem des Endeffektors heißt **Tool-Center-Point (TCP)-Koordinatensystem**.

Ein charakteristisches Merkmal der einzelnen Körper einer kinematischen Kette ist ihr **Freiheitsgrad**. Der **Freiheitsgrad f** ist die Anzahl der möglichen unabhängigen Bewegungen (Translationen, Rotationen) eines starren Körpers gegenüber einem Bezugskoordinatensystem. Ein im Raum frei beweglicher starrer Körper besitzt den Freiheitsgrad $f = 6$, der sich - bei einem karthesischen Bezugskoordinatensystem - aus drei translatorischen Bewegungsmöglichkeiten (Verschiebungen) zur Festlegung der Position und drei rotatorischen Bewegungsmöglichkeiten (Drehungen) zur Festlegung der Orientierung zusammensetzt.

In einer kinematischen Kette wird der Freiheitsgrad der einzelnen Glieder durch Zwangsbedingungen eingeschränkt. Der Freiheitsgrad der kinematischen Kette entspricht dem Freiheitsgrad des letzten Körpers (bei verzweigten kinematischen Strukturen gilt diese Aussage sinngemäß für jeweils einen Ast). Durch die Art und Anordnung der Gelenke unterscheidet man zwischen Gelenken zur Einstellung der Position und Gelenken zur Einstellung der Orientierung. Die Positionierungsgelenke können sowohl Translationsgelenke als auch Rotationsgelenke sein, die für die Orientierungseinstellung verantwortlichen Gelenke müssen Rotationsgelenke sein.

2.2. Koordinatentransformation

2.2.1. Translation

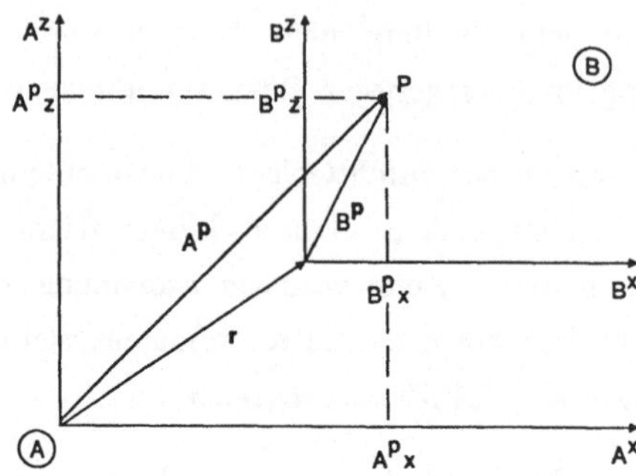

Abb. 2.1: Punktkoordinaten in verschobenen Bezugssystemen

In einem karthesischen System B, welches gegenüber dem Inertialsystem A um den Vektor **r** verschoben ist, möge ein Punkt P den Ortsvektor

$$_B p = \begin{pmatrix} _B p_x \\ _B p_y \\ _B p_z \end{pmatrix} \tag{2.1}$$

besitzen.

Der gleiche Punkt P besitzt dann im A-System die Darstellung

$$_A p = \begin{pmatrix} _A p_x \\ _A p_y \\ _A p_z \end{pmatrix} = {_B p} + r = \begin{pmatrix} _B p_x \\ _B p_y \\ _B p_z \end{pmatrix} + \begin{pmatrix} r_x \\ r_y \\ r_z \end{pmatrix} \tag{2.2}$$

Dabei sind aufgrund der reinen Translation die Koordinaten des Vektors **r** in beiden Systemen die gleichen ($r = {_A r} = {_B r}$).

2.2.2. Rotation

Gegeben sei wiederum ein Punkt P in einem Koordinatensystem B. Das System B soll eine z.B. um die z-Achse um den Winkel α gegenüber dem

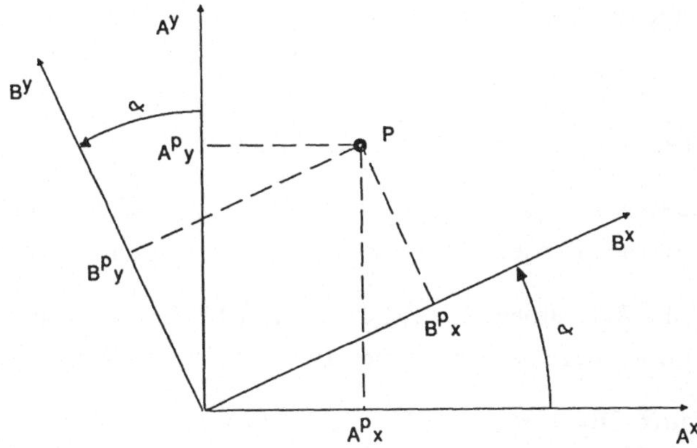

Abb. 2.2: Punktkoordinaten in verdrehten Koordinatensystemen

Inertialsystem A verdrehte Lage besitzen. Damit lassen sich die Koordinaten des Punktes P, $_A$p, im Koordinatensystem A darstellen als

$$_A p_x = \cos\alpha \cdot {}_B p_x - \sin\alpha \cdot {}_B p_y \tag{2.3a}$$

$$_A p_y = \sin\alpha \cdot {}_B p_x + \cos\alpha \cdot {}_B p_y \tag{2.3b}$$

$$_A p_z = {}_B p_z \tag{2.3c}$$

bzw. in Matrixform

$$_A p = \begin{pmatrix} \cos\alpha & -\sin\alpha & 0 \\ \sin\alpha & \cos\alpha & 0 \\ 0 & 0 & 1 \end{pmatrix} \cdot {}_B p = Rz(\alpha) \cdot {}_B p \tag{2.4a}$$

Wurde das System B durch n aufeinanderfolgende elementare Rotationen R_i mit

$$R_i = \begin{cases} Rx(\alpha_i)\,, & \text{Drehung um x--Achse} \\ Ry(\alpha_i)\,, & \text{Drehung um y--Achse} \\ Rz(\alpha_i)\,, & \text{Drehung um z--Achse} \end{cases} \quad ,i=1..n$$

aus dem System A heraus gedreht, so gilt allgemein:

$$_A p = R_n \cdot R_{n-1} \cdot ... \cdot R_1 \cdot {}_B p = {}^A R_B \cdot {}_B p \tag{2.4b}$$

Die Multiplikationsreihenfolge von

$$^{A}R_{B} := R_{n} \cdot R_{n-1} \cdot \; ... \cdot R_{1} \tag{2.5}$$

läßt dabei zwei verschiedene Interpretationen zu:

a)   die Reihenfolge $(...(R_{n} \cdot R_{n-1}) \cdot R_{n-2} \cdot ...) \cdot R_{1})$ bedeutet ein sequentielles Verdrehen des jeweiligen Zwischensystems um eine momentane Achse,

b)   in der Reihenfolge $R_{n} \cdot (R_{n-1} \cdot ... (R_{3} \cdot (R2 \cdot R_{1})...)$ ("Vormultiplizieren") wird als Bezugssystem immer das Inertialsystem verwendet.

Die Matrix $^{A}R_{B}$ beschreibt also die Verdrehung des B-Systems gegenüber dem A-System, ihre Spalten stellen die Koordinaten der Einheitsvektoren des gedrehten Systems B gegenüber dem Inertialsystem A in Koordinaten des Systems A dar, im Spezialfall $^{A}R_{B} = Rz(\alpha)$:

$$_{A}e_{x,B} = \begin{pmatrix} cos\alpha \\ sin\alpha \\ 0 \end{pmatrix} ; \quad _{A}e_{y,B} = \begin{pmatrix} -sin\alpha \\ cos\alpha \\ 0 \end{pmatrix} ; \quad _{A}e_{z,B} = \begin{pmatrix} 0 \\ 0 \\ 1 \end{pmatrix} ; \tag{2.6a-c}$$

Im Falle einer Einzeldrehung $R_{i} = Rz(\alpha)$ (ohne Beschränkung der Allgemeinheit) folgt für die inverse Rotationsmatrix

$$Rz(\alpha)^{-1} = Rz(-\alpha) = \begin{pmatrix} cos(-\alpha) & -sin(-\alpha) & 0 \\ sin(-\alpha) & cos(-\alpha) & 0 \\ 0 & 0 & 1 \end{pmatrix} = Rz(\alpha)^{T} \tag{2.7}$$

bzw. allgemein

$$R_{i}^{-1} = R_{i}^{T} \tag{2.8}$$

Aufgrund der Regeln über das Bilden der Inversen und der Transponierung eines Matrizenprodukts

$$(A \cdot B)^{-1} = B^{-1} \cdot A^{-1} \tag{2.9a}$$

$$(A \cdot B)^{T} = B^{T} \cdot A^{T} \tag{2.9b}$$

und der besonderen Eigenschaft (2.8) elementarer Rotationsmatrizen, läßt sich für die Inverse einer allgemeinen Rotationsmatrix die wichtige Beziehung

$$^AR_B^{-1} = (R_n \cdot \ldots \cdot R_1)^{-1} = R_1^{-1} \cdot \ldots \cdot R_{n-1}^{-1} \cdot R_n^{-1} =$$

$$= R_1^T \cdot \ldots \cdot R_n^T = (R_n \cdot \ldots \cdot R_1)^T = {^AR_B^T} \tag{2.10}$$

ableiten.

2.2.3. Homogene Transformation

Bei einer allgemeinen Transformation eines (körperfesten) Systems B gegenüber dem Inertialsystem A ergibt sich der Ortsvektor eines Punktes P im Inertialsystem zu (s. Abb. 2.3)

$$_Ap = {_A}r + {^AR_B} \cdot {_B}p \tag{2.11}$$

Abb. 2.3: Allgemeine Transformation

Diese Gleichung erweist sich als unzweckmäßig bei aufeinanderfolgenden Transformationen. Aus diesem Grund wurden von Denavit und Hartenberg [10] die sogenannten homogenen Koordinaten **p** eines Punktes P bzw. eines Vektors **v**

$$
p = \begin{pmatrix} p_x \\ p_y \\ p_z \\ 1 \end{pmatrix}, \qquad v = \begin{pmatrix} v_x \\ v_y \\ v_z \\ 0 \end{pmatrix} \tag{2.12a,b}
$$

eingeführt und die Rotationsmatrix erweitert. Auf diese Weise läßt sich Translation und Rotation in einer einzigen 4·4-Matrix darstellen:

$$
\begin{pmatrix} {}^A p \\ 1 \end{pmatrix} = \left(\begin{array}{ccc|c} & & & \\ & {}^A R_B & & {}^A r \\ \hline 0 & 0 & 0 & 1 \end{array} \right) \cdot \begin{pmatrix} {}^B p \\ 1 \end{pmatrix} := {}^A T_B \cdot \begin{pmatrix} {}^B p \\ 1 \end{pmatrix} \tag{2.13}
$$

Die neu entstandene **homogene Transformationsmatrix** ${}^A T_B$ enthält in den Zeilen 1 bis 3 Gl. (2.11), die vierte Zeile ist ohne Belang und wird bei aufeinanderfolgenden Transformationen nicht verändert.

Im Falle einer reinen Rotation vereinfacht sie sich zu

$$
{}^A T_B = {}^A ROT_B := \left(\begin{array}{ccc|c} & & & \\ & {}^A R_B & & 0 \\ \hline 0 & 0 & 0 & 1 \end{array} \right) \tag{2.14a}
$$

und bei einer reinen Translation zu

$$
{}^A T_B = TRANS(\, r_x, r_y, r_z \,) := \left(\begin{array}{c|c} & \\ I & r \\ \hline 0\ 0\ 0 & 1 \end{array} \right) \tag{2.14b}
$$

Im Zusammenhang mit homogenen Transformationen tritt oft der Begriff "Frame" auf. In [23] S.17 findet sich dafür folgende

<u>Definition:</u>

Ein **Frame** ist ein karthesisches Rechtskoordinatensystem. Der Begriff "Frame" impliziert die Existenz eines Bezugskoordinatensystems B (kurz: Bezugssystem), bezüglich dessen das Frame definiert ist. Die gängigste Darstellungsart eines Frames ist die Angabe seiner Einheitsvektoren e_x, e_y, e_z und seines Ursprungs U in homogenen Koordinaten, zusammengefaßt zu einer 4·4-Matrix ^BF:

$$^BF = (\; e_x \;\; e_y \;\; e_z \;\; U \;).$$

Bei Transformationsmatrizen besteht die Möglichkeit, über die vierte Zeile noch eine Skalierung und eine perspektivische Transformation einzubeziehen. Für die Roboterkinematik ist dies jedoch irrelevant, weshalb im weiteren Verlauf der Arbeit "Frame" und "Transformationsmatrix" als Synonyme verwendet werden.

Die multiplikative Verknüpfung zweier Frames $F_1, F_2 \in R^{4\cdot 4}$ liefert wieder ein Frame $\in R^{4\cdot 4}$. Ein Beweis befindet sich in [23] S.20f.

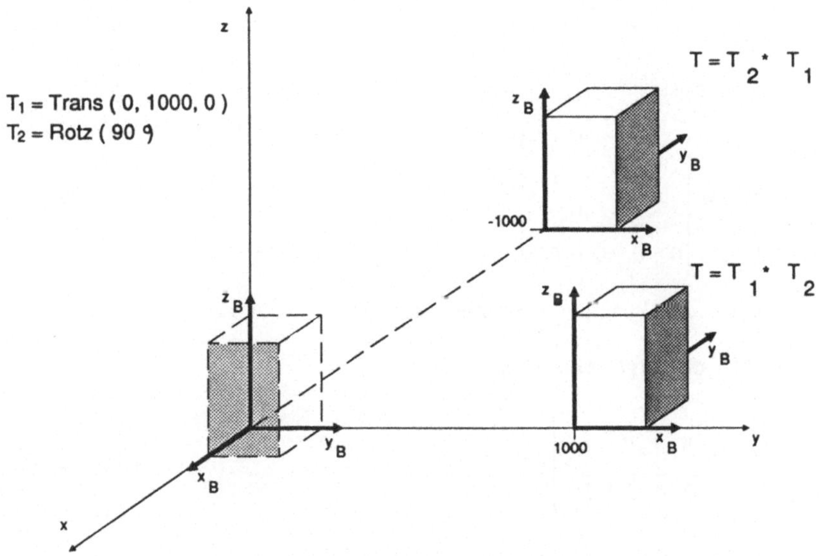

Abb. 2.4: Auswirkung der Multiplikationsreihenfolge von Transformationsmatrizen auf die Stellung eines Körpers

<u>Beweisskizze:</u>

Es muß nachgewiesen werden, daß die vierte Zeile der Produktmatrix E (= $F_1 \cdot F_2$) die Form (0 0 0 1) hat und die ersten drei Spaltenvektoren von E orthogonale, normierte Vektoren im Sinne eines Rechtskoordinatensystems sind.

Die Multiplikation $F_1 \cdot F_2$ kann nur dann sinnvoll interpretiert werden, wenn für F_2 das Frame F_1 als Bezugsframe herangezogen wird. Die oben gemachte Aussage über die Multiplikationsreihenfolge bei Rotationsmatrizen kann auf Frames erweitert werden. Abb. 2.4 zeigt an einem einfachen Beispiel die Wirkungen einer "Links-" bzw. "Rechtsmultiplikation".

Für homogene Transformationsmatrizen gilt die Beziehung (2.8) (leider) **nicht**. Stattdessen muß die inverse Transformation über

$$^{A}T_{B}^{-1} \cdot {}^{A}T_{B} = I \tag{2.15}$$

mit dem Ansatz

$$^{A}T_{B}^{-1} = \left(\begin{array}{ccc|c} & & & | \\ & {}^{B}R_{A} & & | \quad x \\ - & - & - & | \; - \\ 0 & 0 & 0 & | \quad 1 \end{array} \right) \tag{2.16}$$

und noch unbekanntem **x** ermittelt werden.

Hat $^{A}T_{B}$ die allgemeine Form

$$^{A}T_{B} = \left(\begin{array}{ccc|c} & & & | \\ n & o & a & | \quad r \\ - & - & - & | \; - \\ 0 & 0 & 0 & | \quad 1 \end{array} \right) \tag{2.17}$$

so ergibt sich nach Einsetzen in (2.15) und Ausmultiplizieren für x

$$x = - {}^{B}R_{A} \cdot r \tag{2.18}$$

und damit

$$
{}^{A}T_{B}^{-1} = \begin{pmatrix} & & | & -n^{T} \cdot r \\ & {}^{B}R_{A} & | & -o^{T} \cdot r \\ - & - & -| & -\underline{a}^{T}\underline{\cdot}\underline{r}- \\ 0 & 0 & 0\ | & 1 \end{pmatrix}
\qquad (2.19)
$$

2.3. Kinematikdefinition

2.3.1. Grundsätzliche Bemerkungen

Betrachtet man die Kinematik von handelsüblichen Robotern, so läßt sich diese durch eine Aufeinanderfolge von Rotations- und Translationsgelenken beschreiben, im mathematischen Sinne also beispielsweise durch ein Produkt der oben beschriebenen homogenen Transformationsmatrizen (eine weitere Möglichkeit bestünde in der Definition mittels Biquaternionen [5]).

Da man die Positions- von der Orientierungseinstellung weitgehend abkoppeln möchte ordnet man die Orientierungsgelenke am Ende der kinematischen Kette an. Wenn sich darüber hinaus mehrere Orientierungsgelenke im sogenannten "Handwurzelpunkt" schneiden, vereinfacht sich die Roboterkinematik erheblich. Die Stellung eines Roboters (d.h. die Position und Orientierung des Endeffektors[1]) kann durch Vorgabe der Achsvariablen q_i eindeutig bestimmt werden (Vorwärtsrechnung, Vorwärtstransformation). Das eigentliche Problem in der Roboterkinematik ist die Rückwärtsrechnung (oder Rücktransformation), d.h. die Berechnung der einzelnen Achswerte bei Vorgabe der Effektorstellung (z.B in karthesischen Koordinaten). Hier existieren, je nach Art der Kinematik (Anzahl, Art und Anordnung der Achsen), <u>keine</u>, <u>eine</u>, <u>mehrere</u> oder <u>unendlich viele</u> Lösungen.

Der Fall "<u>keine Lösung</u>" kann dabei zwei Ursachen haben:

- entweder liegt der anzufahrende Punkt <u>außerhalb</u> des Roboterarbeitsbereichs

---

[1]   bei allgemeinen, verzweigten Strukturen existieren sinngemäß mehrere Endeffektoren

- oder die Roboterkonstruktion besitzt generell (globale Degeneration), oder nur bei gewissen Gelenkstellungen (lokale Degeneration) einen Freiheitsgrad $f < 6$ was dazu führt, daß gewisse Stellungen innerhalb des Arbeitsbereichs nicht erreichbar sind.

Existieren mehrere bzw. unendlich viele ($f > 6$) Lösungen, kann durch Angabe zusätzlicher Parameter bzw. künstlicher Einschränkungen eine eindeutige Lösung erzwungen werden.

In Kap. 3 dieser Arbeit soll das Prinzip der expliziten Lösung der Rücktransformation erläutert und für einen Roboter mit Doppelwinkelhand die Lösungsgleichungen hergeleitet werden. Der Leistungsumfang der entwickelten allgemeinen, iterativen Rücktransformation wird anschließend dort anhand verschiedener Kinematiken vorgestellt.

2.3.2. Beschreibungsformen für kinematische Strukturen

2.3.2.1. Kinematische Gleichung

Die übliche Beschreibungsmethode für kinematische Strukturen basiert auf homogenen Transformationsmatrizen der Form

$$T = \left(\begin{array}{ccc|c} n & o & a & p \\ \hline 0 & 0 & 0 & 1 \end{array} \right) \tag{2.20}$$

Hiermit kann in einer einzigen 4·4-Matrix der Koordinatenübergang von einem Gelenk zum nächsten vollständig beschrieben werden. Die Vektoren n,o,a stellen dabei die karthesischen Einheitsvektoren eines Koordinatensystems in Koordinaten eines Inertialsystems dar. Der Vektor p gibt die Position des Ursprungs des transformierten Systems S in Koordinaten des Inertialsystems I an (Abb. 2.5).

Der große Vorteil dieser anschaulichen Beschreibungsweise besteht in der Möglichkeit, die Gesamttransformation eines Zielsystems S_W (Effektorkoordinatensystem) über das Matrizenprodukt der Einzeltransformationen von Zwi-

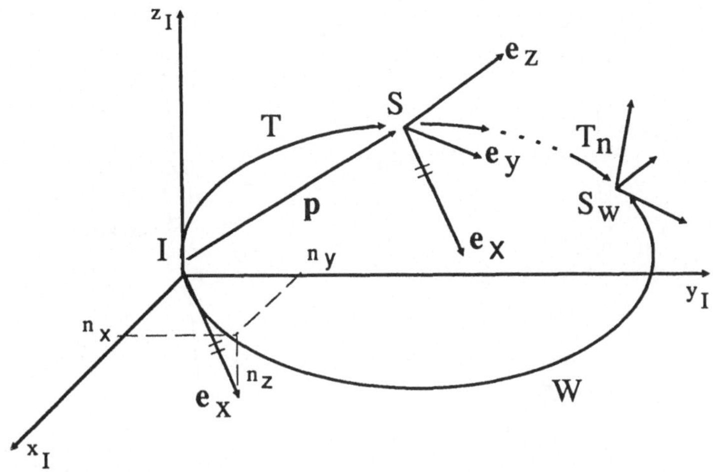

Abb. 2.5: Transformation zwischen Koordinatensystemen

schensystemen S_i zu berechnen. Ergebnis hiervon ist die sogenannte "kinematische Gleichung":

$$W = \prod_{i=1}^{n} T_i \quad \text{n : Anzahl der Achsen} \tag{2.21}$$

T_i gibt dabei die Transformation des Systems S_i in Koordinaten des Systems S_{i-1} an. Die Festlegung der T_i kann auf verschiedene Arten geschehen:

2.3.2.2. Denavit-Hartenberg-Transformation

Bei der Denavit-Hartenberg- (DH)-Transformation wird jedem Gelenk ein KOS S_i zugeordnet [10]. Die z-Achse dieses Systems gibt die positive Bewegungsrichtung des (Translations- oder Rotations-) Gelenks an. Die x-Achse zeigt in die Richtung des gemeinsamen Lotes der Achsen (i) und (i+1), womit der Ursprung des KOS S_{i+1} als Lotfußpunkt auf der Achse (i+1) festgelegt ist (Abb. 2.6). Ein Gelenkübergang läßt sich somit über vier einzelne Transformationen beschreiben:

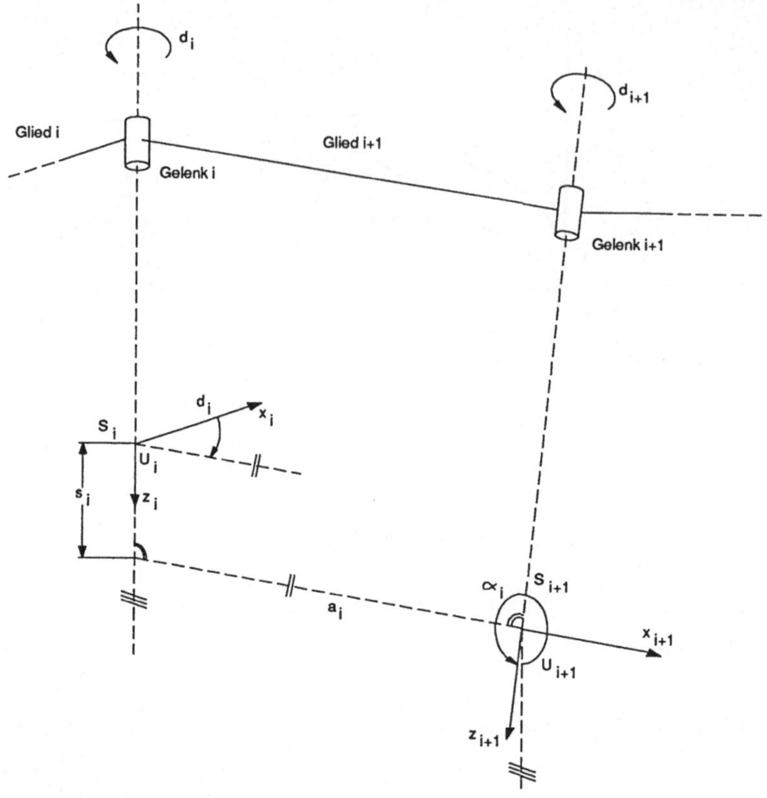

Abb. 2.6: Festlegung von Zwischenframes zur Beschreibung der DH-Transformation

- Drehung des Systems S_i um die Achse z_i um den Winkel d_i bis die Achse x_i parallel zur Achse x_{i+1} ist,

- Verschiebung des Koordinatenursprungs von S_i entlang z_i um den Wert s_i bis zum Lotfußpunkt der gemeinsamen Normalen der Achsen (i) und (i+1),

- Verschiebung entlang x_{i+1} bis zum Lotfußpunkt auf der Achse (i+1) um den Wert a_i,

- Rotation um die Koordinatenachse x_{i+1} um den Winkel α_i bis zur Deckung der Koordinatenachsen z_i und z_{i+1}.

<u>Bemerkungen:</u>

a)   Die Zwischenframes sind nicht unbedingt eindeutig bestimmt:

- schneiden sich die Achsen z_{i-1} und z_i so ist der Ursprung U_i eindeutig definiert, die Richtung der Achse x_i ist jedoch innerhalb der zwei sich bietenden Möglichkeiten frei wählbar,

- sind z_{i-1} und z_i zueinander parallel, so ist die Achse x_i eindeutig definiert und der Ursprung U_i ist frei wählbar,

- fallen z_{i-1} und z_i zusammen, so sind sowohl x_i als auch der Ursprung U_i frei wählbar,

b)   der Ursprung U_i kann außerhalb des physikalischen Robotergelenks liegen,

c)   das Frame S_i wird dem unbeweglichen Teil des Gelenks zugeordnet, das Frame S_0 ist das Bezugssystem (BKS), das Frame S_{n+1} das Effektorframe S_E

Für die gesamte Transformation A_i ergibt sich dann

$$A_i = R4z(d_i) \cdot Trans(0,0,s_i) \cdot Trans(a_i,0,0) \cdot R4x(\alpha_i) =$$

$$= \begin{pmatrix} cd_i & -sd_i & 0 & 0 \\ sd_i & cd_i & 0 & 0 \\ 0 & 0 & 1 & 0 \\ 0 & 0 & 0 & 1 \end{pmatrix} \cdot \begin{pmatrix} 1 & 0 & 0 & 0 \\ 0 & 1 & 0 & 0 \\ 0 & 0 & 1 & s_i \\ 0 & 0 & 0 & 1 \end{pmatrix} \cdot$$

$$\cdot \begin{pmatrix} 1 & 0 & 0 & a_i \\ 0 & 1 & 0 & 0 \\ 0 & 0 & 1 & 0 \\ 0 & 0 & 0 & 1 \end{pmatrix} \cdot \begin{pmatrix} 1 & 0 & 0 & 0 \\ 0 & c\alpha_i & -s\alpha_i & 0 \\ 0 & s\alpha_i & c\alpha_i & 0 \\ 0 & 0 & 0 & 1 \end{pmatrix} =$$

$$= \begin{pmatrix} cd_i & -sd_i \cdot c\alpha_i & sd_i \cdot s\alpha_i & a_i \cdot cd_i \\ sd_i & cd_i \cdot c\alpha_i & -cd_i \cdot s\alpha_i & a_i \cdot sd_i \\ 0 & s\alpha_i & c\alpha_i & s_i \\ 0 & 0 & 0 & 1 \end{pmatrix} \qquad (2.22)$$

mit $cd_i = \cos d_i$, $sd_i = \sin d_i$

$\quad c\alpha_i = \cos\alpha_i$, $s\alpha_i = \sin\alpha_i$

Die äußere Form dieser DH-Matrix ist für Rotations- und Translationsgelenke die gleiche, der Unterschied besteht darin, daß bei Rotationsgelenken d_i und bei Schubgelenken s_i die Gelenkvariable darstellt. Beide Variablen können einen konstanten Anteil zur Einstellung der Nullage enthalten.

2.3.2.3. Gelenkübergang durch Festlegung von zwei Transformationsmatrizen

Durch die DH-Festlegung läßt sich ein Gelenkübergang eindeutig beschreiben, jedoch erfordert dies Erfahrung bei der Definition der Zwischensysteme und bedingt dadurch eine gewisse Fehleranfälligkeit. Im Rahmen dieser Arbeit wurde deshalb ein "unkomplizierterer" Ansatz verwirklicht der sich zudem rechentechnisch sehr leicht realisieren läßt.

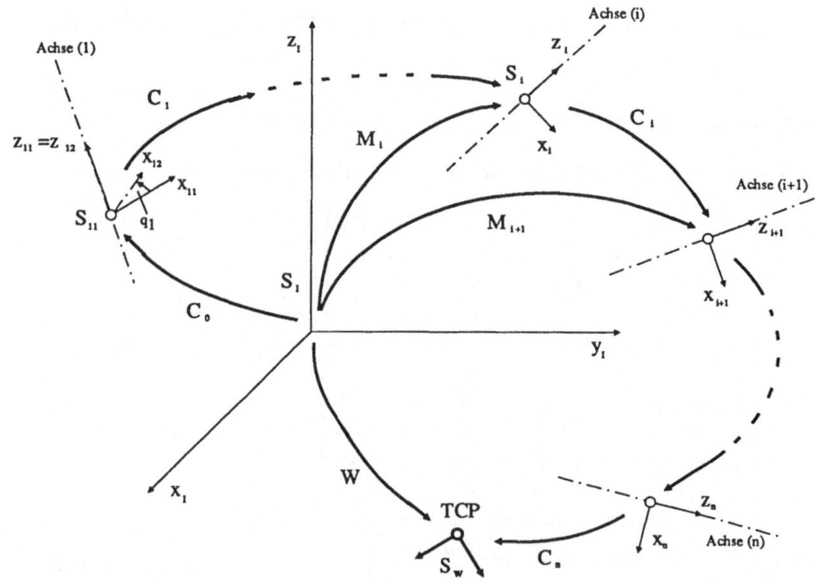

Abb. 2.7: Definition einer kinematischen Struktur durch Angabe der Achsen in der Nullage

Eine sehr allgemeine und keinen starken Beschränkungen unterworfene Vorschrift zur Definition der karthesischen Zwischensysteme S_i lautet wie folgt (s. Abb. 2.7):

- definiere das Inertialsystem S_I des Roboters,

- bestimme alle Bewegungsachsen der kinematischen Struktur in der Nullage (Vektor der Achsvariablen $q=0$),

- wähle den Ursprung der Koordinatensysteme S_{i1} und S_{i2} beliebig auf der Bewegungsachse i; die z_i-Achse liegt auf der Bewegungsachse und definiert die positive Bewegungsrichtung; für den Fall $q_i = 0$ sind die Systeme S_{i1} und S_{i2} deckungsgleich,

- die Richtungen der x_i- und y_i-Achsen sind beliebig,

- definiere das Tool-Center-Point (TCP)-KOS S_W.

Die kinematische Gleichung läßt sich mit diesen Festlegungen in der Form

$$C_0 \cdot \prod_{i=1}^{n} (V_i(q_i) \cdot C_i) = W \tag{2.23}$$

anschreiben, wobei gilt:

$$V_i(q_i) = \begin{pmatrix} cosq_i & -sinq_i & 0 & 0 \\ sinq_i & cosq_i & 0 & 0 \\ 0 & 0 & 1 & 0 \\ 0 & 0 & 0 & 1 \end{pmatrix}, \text{ für eine Rotationsachse} \tag{2.24a}$$

$$V_i(q_i) = \begin{pmatrix} 1 & 0 & 0 & 0 \\ 0 & 1 & 0 & 0 \\ 0 & 0 & 1 & q_i \\ 0 & 0 & 0 & 1 \end{pmatrix}, \text{ für eine Translationsachse} \tag{2.24b}$$

$V_i(q_i)$ (oder kurz V_i) beschreibt den Übergang vom System S_{i1} zum System S_{i2}, C_i beschreibt den Übergang von S_{i2} nach $S_{(i+1)1}$. Die Matrix C_i läßt sich aus der Beziehung

$$M_i \cdot C_i = M_{(i+1)} \quad , i=1..n-1 \tag{2.25a}$$

berechnen:

$$C_i = M_i^{-1} \cdot M_{(i+1)} \, , \quad i = 1..n\text{-}1 \tag{2.25b}$$

$$C_n = M_n^{-1} \cdot W_0, \quad W_0 = W(q=0) \tag{2.25c}$$

M_i enthält die Transformation der Systeme S_{i1} bzw. S_{i2} relativ zum Inertialsystem S_I (für den Fall $q = 0$). Die Matrizen M_i und damit die Matrizen C_i werden bei der in dieser Arbeit verwirklichten Kinematikgenerierung automatisch erzeugt (günstig für die Rechneranwendung).

2.3.3. Aufbau einer Kinematik für die Simulation

Der mechanische Aufbau eines Robotermodells in USIS besteht zunächst aus der Konstruktion der Armelemente mit einem CAD-System. Die Definition der einzelnen Achsverbindungen wird mit Hilfe eines Zusatzmoduls, dem Programm ROBGEN, durchgeführt. Hiermit können die Einzelteile des Robotermodells entweder starr oder über Rotations- oder Translationsachsen

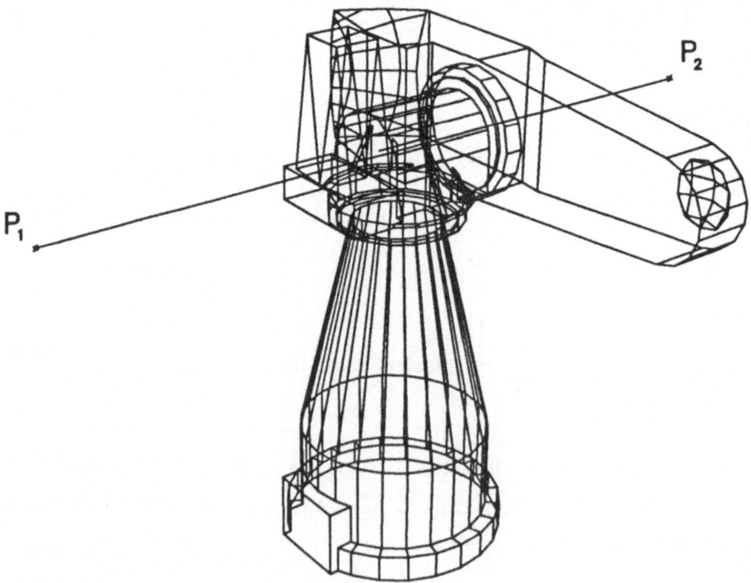

Abb. 2.8: Graphische Definition einer Rotationsachse

miteinander verknüpft werden. Die Definition der Achsen erfolgt wahlweise durch graphische oder numerische Eingabe, Winkelober- und -untergrenzen sowie die Nullage einer Achse können angegeben werden. Dazu müssen in der Simulation sämtliche Armelemente zueinander plaziert werden wie es dem realen Gegenstück entspricht und zwei Punkte, die die Bewegungsachse bestimmen, graphisch identifiziert werden (Abb. 2.8). Die automatisch erzeugten Gelenkübergangsmatrizen C_i können direkt zur Berechnung der iterativen Rücktransformation verwendet werden (s. Kap. 3).

2.4. Kinematische Bahnplanung

Die Aufgabe eines Roboters besteht darin, ein beliebiges Objekt - dies kann ein Werkstück oder ein Werkzeug sein - von einem Punkt A zu einem Punkt B zu bewegen. Je nach Aufgabenstellung unterscheidet man dabei zwischen Punkt-zu-Punkt-Bewegungen oder Bahnbewegungen (s. Abb. 2.9). Beispiele für die einzelnen Bewegungen sind das Punktschweißen und das Auftragen einer Kleberaupe.

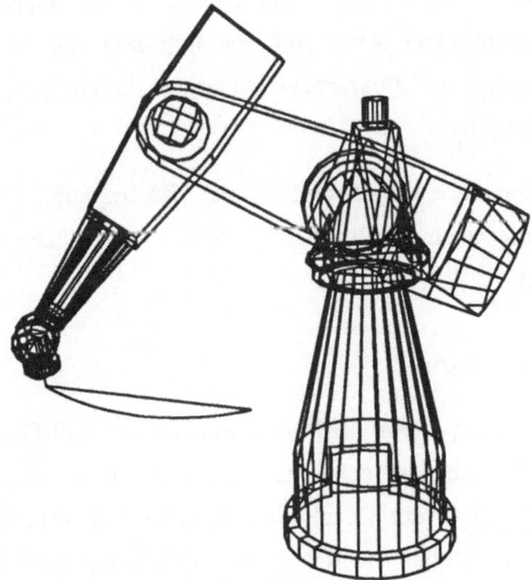

Abb. 2.9: Vergleich zwischen Linear- und PTP-Befehlsausführung am Beispiel eines Knickarmroboters

Bei der linearen Interpolation werden zwei Punkte im karthesischen Arbeitsraum über einen linearen Bahnparameter miteinander verbunden. Die Rücktransformation in die Achswinkelebene (Konfigurationsraum) stellt dabei eine krummlinige Kurve dar. Wird nun die gesamte Bahnkurve durch einen Polygonzug angenähert, so ist dieser im allgemeinen im Arbeitsraum nicht differenzierbar und damit auch die in den Konfigurationsraum transformierte Bahnkurve nicht differenzierbar. Diese Unstetigkeiten haben dann in der Praxis Geschwindigkeitssprünge und damit Beschleunigungsstöße zur Folge. Dieses Problem kann man durch die Verwendung von kubischen Splinefunktionen lösen. Durch die zweifache Differenzierbarkeit dieser Funktionen sind die o.a. Effekte ausgeschlossen. Die kubischen Splinefunktionen bieten weiter den Vorteil, daß hierfür ausgereifte Verfahren bis hin zu Standardroutinen in Programmbibliotheken vorliegen.

Eine weitere Schwierigkeit bei der Bahnplanung im karthesischen Arbeitsraum besteht darin, daß die Rücktransformation von z.B. Linearbahnen in die Achswinkelebene nicht vorhersehbare, hohe Beschleunigungen einzelner Achsen zur Folge haben kann. Dieser Effekt tritt v.a. in der Nähe von singulären Stellen (z.B. ausgestreckter Arm) auf, da sich hier der Freiheitsgrad der Kinematik reduziert, d.h. Effektorbewegungen in beliebige Raumrichtungen nicht mehr möglich sind.

Im folgenden sollen die zwei gängigsten, bei IRn implementierten, Bahnplanungsverfahren, die auch im Rahmen dieser Arbeit nachgebildet wurden, dargestellt werden.

2.4.1. PTP-Bewegung

Bei der PTP-Bewegung (Point-To-Point) werden die Soll-Geschwindigkeitsprofile der einzelnen Achsen so bestimmt, daß alle Bewegungen gleichzeitig beginnen und enden und der Geschwindigkeitsverlauf trapezförmig ist. Der Bahnverlauf, den die Roboterhand bei der Ausführung einer solchen Bewegung beschreibt, bleibt in der Planung unberücksichtigt.

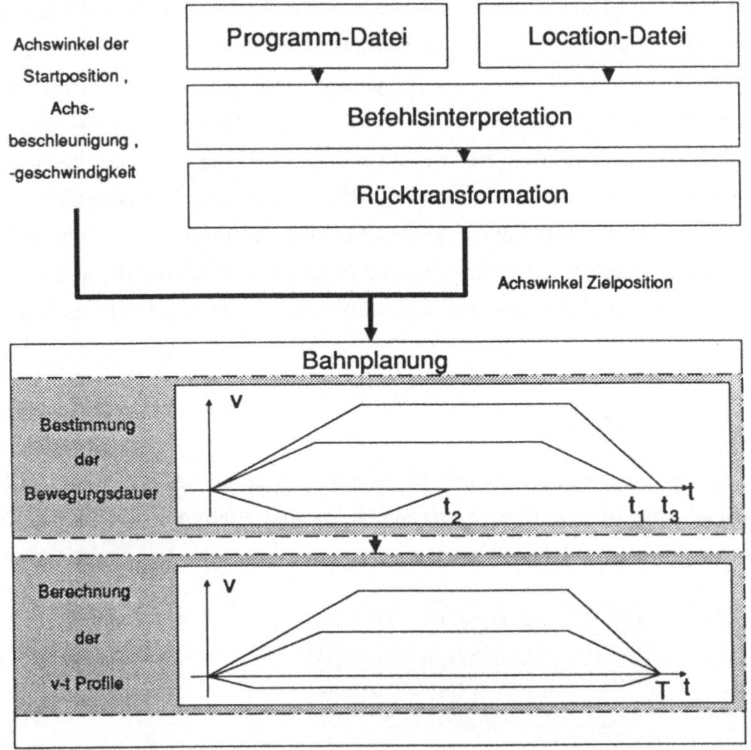

Abb. 2.10: Schema der PTP-Bahnplanung

Zur Planung einer PTP-Bewegung wird der Roboterbefehl interpretiert und mittels der Rücktransformation in die Achswinkel der Zielposition umgerechnet. Ein Vergleich mit den Achswinkeln der momentanen Startposition liefert die zurückzulegenden Winkeldifferenzen der einzelnen Achsen. Unter Berücksichtigung der maximalen Beschleunigungs- und Verzögerungswerte und der höchstmöglichen Verfahrgeschwindigkeiten lassen sich trapezförmige Geschwindigkeitsprofile ermitteln, aus denen die minimale Dauer der einzelnen Achsbewegungen hervorgeht. Die Dauer der gesamten Befehlsausführung richtet sich nach derjenigen Achse, deren Bewegungsvorgabe am meisten Zeit in Anspruch nimmt.

Durch Vorgabe dieser Zeitspanne können nun für alle anderen Achsen, beispielsweise unter der Annahme gleichbleibender Beschleunigungswerte, die Eckdaten (Ende der Beschleunigungsphase, Geschwindigkeitsmaximalwert, Beginn der Bremsphase) bestimmt werden. Die Maximalwerte werden so berechnet, daß alle Achsen gleichzeitig mit ihren Bewegungen beginnen und enden. Die Fläche unter den einzelnen v-t-Profilen entspricht anschaulich dem zurückzulegenden Winkel einer Achse. Aus den so ermittelten Geschwindigkeitsprofilen kann dann der zum Zeitpunkt t (0 < t < T) erforderliche Sollwert der Achsgeschwindigkeit und des Achswinkels berechnet werden (s. auch Kap. 7).

2.4.2. Linearbewegung

Bei der Linearbewegung werden die Roboterachsen so bewegt, daß die Roboterhand eine lineare Bahn zwischen Start- und Zielpunkt beschreibt. Der Raumbedarf einer solchen Bewegung ist genau bekannt, dem steht aber ein

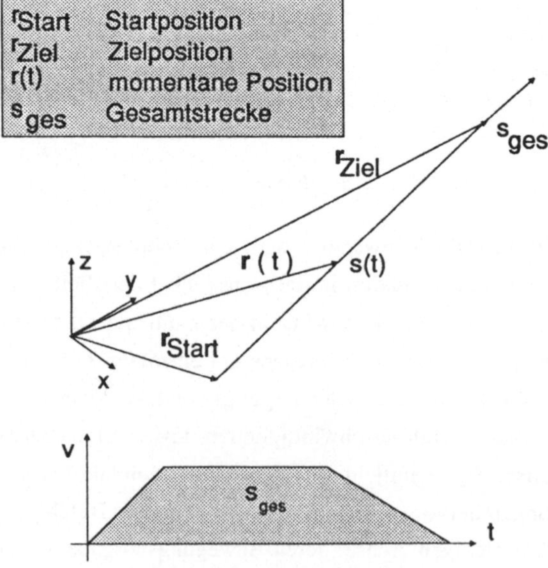

Abb. 2.11: Bahnplanung bei der Linearbewegung

erhöhter Rechenaufwand gegenüber, da in jedem Abtastzyklus die Soll-Raumposition der geplanten Bahn in die entsprechenden Achswinkel des Roboters rücktransformiert werden muß. Sind die Werte für die Bahnbeschleunigung, -verzögerung und die maximale Bahngeschwindigkeit bekannt, so wird ein trapezförmiges Geschwindigkeitsprofil über der im Raum liegenden Strecke berechnet und daraus zu jedem Abtastzeitpunkt die nötigen Achswinkel ermittelt.

3 Rücktransformationsverfahren

3.1. Betrachtungen zur Lösbarkeit

Je nach Art der Kinematik eines Roboters (Anzahl, Art und Anordnung der Achsen) existieren bei Vorgabe einer Raumposition keine, eine, mehrere oder unendlich viele Lösungen der Rücktransformation (s.o.). Ein Roboter mit weniger als 6 Achsen kann innerhalb seines Arbeitsbereichs z.B. nicht jede beliebige Orientierung erreichen, ein Roboter mit mehr als 6 Achsen (in "günstiger"[1] linearer Anordnung) hingegen kann auf unendlich viele Arten eine gewünschte Stellung anfahren.

Die **explizite** Lösbarkeit der kinematischen Gleichung ist nur für eine sehr begrenzte Anzahl von Achszahlen und -anordnungen möglich [23,24], wie z.B. bei Knickarmrobotern mit drei sich schneidenden Handachsen. Daneben gibt es eine Anzahl von Mechanismen, die zwar nicht explizit lösbar sind, für die jedoch eine spezielle iterative Rücktransformation existiert [68]. Diese Verfahren haben jedoch den Nachteil, daß bei nur geringfügigen Änderungen in der Anordnung der Achsen die Lösungsgleichungen neu aufgestellt werden müssen.

Im Rahmen dieser Arbeit wurden explizite Lösungsgleichungen der Rücktransformation für verschiedene Roboterkinematiken entwickelt (Knickarm-, Scara-, Portalroboter, Roboter mit kugelförmigem Arbeitsraum). Im folgenden soll beispielhaft das Prinzip der expliziten Lösung anhand eines Roboters mit Doppelwinkelhand erläutert werden. Von der ebenfalls im Rahmen dieser Arbeit entwickelten allgemeinen, iterativen Rücktransformation soll der Lösungsweg hergeleitet und deren Leistungsumfang an verschiedenen Beispielen demonstriert werden.

---

1) "ungünstig" wäre z. B. eine Anordnung mit lauter parallelen Achsen, so daß nur eine Bewegung in einer Ebene möglich ist

3.2.   Prinzip der expliziten Lösung

Die (homogenen) Koordinaten $_Bp$ eines Punktes in einem (körperfesten) Koordinatensystem B lassen sich nach Gl. (2.13) über die Beziehung

$$_Ap = {}^AT_B \cdot {}_Bp \tag{3.1}$$

ins Inertialsystem A umrechnen (s. 2.2.3). Greift man einen bestimmten Punkt, den Ursprung, und bestimmte Vektoren, die Einheitsvektoren, des B-Systems heraus, ergeben sich ihre homogenen Koordinaten im A-System zu

$$({}_Ae_{x,B} \, , \, {}_Ae_{y,B} \, , \, {}_Ae_{z,B} \, , \, {}_Ap_{0,B}) =$$

$$= {}^AT_B \cdot ({}_Be_{x,B} \, , \, {}_Be_{y,B} \, , \, {}_Be_{z,B} \, , \, {}_Bp_{0,B}) =$$

$$= {}^AT_B \cdot \begin{pmatrix} 1 & 0 & 0 & 0 \\ 0 & 1 & 0 & 0 \\ 0 & 0 & 1 & 0 \\ 0 & 0 & 0 & 1 \end{pmatrix} = {}^AT_B \tag{3.2}$$

Die homogenen Koordinaten der drei Einheitsvektoren und des Ursprungs des B-Systems (in Koordinaten des B-Systems) entsprechen formal der Einheitsmatrix, die Spalten der Matrix auf der linken Seite enthalten diese Koordinaten im A-System. Das Problem der Rücktransformation kann deshalb folgendermaßen formuliert werden:

Gegeben sei die Stellung eines Effektors, definiert durch die Position des Ursprungs und die Richtungen der Koordinatenachsen des effektorfesten Koordinatensystems S_E im Bezugssystem (= linke Seite in obiger Gleichung); gesucht sind die Gelenkvariablen q_i der Transformationsmatrix ${}^AT_B$ (im folgenden mit ${}^RT_E$ bezeichnet) die sich aus der kinematischen Gleichung

$$A_1(q_1) \cdot A_2(q_2) \cdot \dots \cdot A_n(q_n) \cdot TR = {}^RT_E \tag{3.3}$$

ergibt.

Diese Gleichung enthält auf der linken Seite das Produkt aus den, für die Gelenkübergänge bestimmten, DH-Matrizen A_i und der konstanten Transformation TR, die den Übergang vom letzten DH-Frame zum Effektorframe S_E

beschreibt, auf der rechten Seite steht in $^R T_E$ die vorgegebene Stellung des Effektors bezüglich des festen R-Systems.

Sie besitzt für den Fall n >6 unendlich viele Lösungen. Um dies auszuschließen, muß die Anzahl der zu bestimmenden Gelenkvariablen auf n < 7 reduziert werden. Wenn mehr Gelenke vorhanden sind, müssen n-6 Gelenkvariable q_i entweder mit festen Werten belegt, über Funktionszusammenhänge von anderen Achsen abhängig sein oder über zu minimierende Gütefunktionen eine Lösung in der Nähe einer gewünschten Achslage gesucht werden.

Die Matrixgleichung (3.3) enthält 12 nichttriviale Gleichungen aus denen die Gelenkvariablen ermittelt werden müssen. Dazu versucht man durch Multiplikation von links oder rechts die Gleichung so umzuformen, daß an einer Matrixposition nur noch eine Abhängigkeit von **einer** Variablen besteht, nach der man auflösen kann. Die erhaltene Variable wird dann in andere Gleichungen eingesetzt und so sukzessive, evt. über weitere Multiplikationen, alle Gelenkwinkel bzw. -verschiebungen ermittelt. In [23] S.123-152 finden sich darüber zahlreiche Herleitungen für eine Klasse von Industrierobotern. Zur Ermittlung der Werte der drei Grundachsen des vorliegenden Knickarmroboters der Fa. KUKA, den KUKA 361 (s. Abb. 3.1), kann nach einer Modifikation das dort angegebene Verfahren angewendet werden. Zur Berechnung der Handwinkel der, am KUKA 361 montierten, sogenannten Doppelwinkelhand existiert noch kein allgemein bekanntes Verfahren, weshalb die Lösungsgleichungen im Rahmen dieser Arbeit neu hergeleitet werden müssen.

3.3. Explizite Lösung am Beispiel eines Roboters mit Doppelwinkelhand

3.3.1. Festlegungen

Für den KUKA-Roboter vom Typ 361 wählt man nach der DH-Konvention die in Abb. 3.1 angegebenen Zwischenframes (alle Gelenkwinkel = 0). Die DH-Parameter sind aus Tab. 3.1 ersichtlich (Längenangaben in mm, da alle

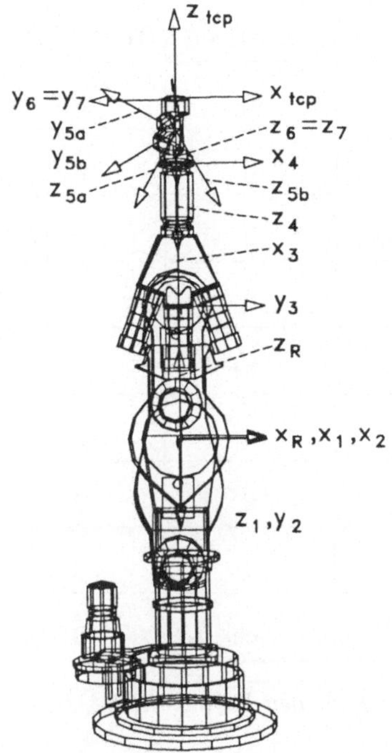

Abb. 3.1: Roboter KUKA361 mit DH-Frames

Achsvariablen Winkel sind, sollen sie im folgenden mit "d" bezeichnet werden).

Das (raumfeste) Roboterweltkoordinatensystem ist im Schnittpunkt der ersten
beiden Achsen angeordnet, die z-Achse zeigt senkrecht nach oben. Da die
positive Drehrichtung der ersten Achse bezüglich diesem System in negativer
z-Richtung definiert ist, muß als erstes DH-Frame das statische Frame S_1,
welches sich um die konstante Transformation K_0 von S_R unterscheidet,
festgelegt werden. Weiterhin können sich die fünfte und sechste Achse nicht
unabhängig voneinander bewegen; eine Getriebekopplung bedingt den Zusammenhang $d_5 = - d_6$. Im folgenden wird deshalb die Achse 5 mit 5a und die
Achse 6 mit 5b bezeichnet, die Achsvariable lautet d_5. Nach der DH-Konvention ergeben sich mit diesen Festlegungen die A_i - Matrizen zu:

i	Rotz(d_i)	Transz(s_i)	Transx(α_i)	Rotx(α_i)
K_0	$0°$	h_1	0	$180°$
A_1	d_1	0	0	$90°$
A_2	$-90°+d_2$	0	a_2	$0°$
A_3	$90°+d_3$	0	0	$-90°$
A_4	$90°+d_4$	$-h_4$	0	$-30°$
A_{5a}	d_{5a}	0	0	$60°$
A_{5b}	d_{5b}	0	0	$-30°$
A_6	d_6	0	0	$0°$
TR	$-90°$	$-eh$	0	$180°$

Tab. 3.1: DH-Parameter für den Roboter KUKA 361

$$A_1 = \begin{pmatrix} cd_1 & 0 & sd_1 & 0 \\ sd_1 & 0 & -cd_1 & 0 \\ 0 & 1 & 0 & 0 \\ 0 & 0 & 0 & 1 \end{pmatrix} \tag{3.4}$$

$$A_2 = \begin{pmatrix} sd_2 & cd_2 & 0 & a_2 \cdot sd_2 \\ -cd_2 & sd_2 & 0 & -a_2 \cdot cd_2 \\ 0 & 0 & 1 & 0 \\ 0 & 0 & 0 & 1 \end{pmatrix} \tag{3.5}$$

$$A_3 = \begin{pmatrix} -sd_3 & 0 & -cd_3 & 0 \\ cd_3 & 0 & -sd_3 & 0 \\ 0 & -1 & 0 & 0 \\ 0 & 0 & 0 & 1 \end{pmatrix} \tag{3.6}$$

$$A_4 = \begin{pmatrix} -sd_4 & -\dfrac{\sqrt{3}}{2}\cdot cd_4 & -\dfrac{1}{2}\cdot cd_4 & 0 \\[2mm] cd_4 & -\dfrac{\sqrt{3}}{2}\cdot sd_4 & -\dfrac{1}{2}\cdot sd_4 & 0 \\[2mm] 0 & -\dfrac{1}{2} & \dfrac{\sqrt{3}}{2} & -h_4 \\[2mm] 0 & 0 & 0 & 1 \end{pmatrix} \tag{3.7}$$

$$A_{5a} = \begin{pmatrix} cd_5 & -\dfrac{1}{2}\cdot sd_5 & \dfrac{\sqrt{3}}{2}\cdot sd_5 & 0 \\[2mm] sd_5 & \dfrac{1}{2}\cdot cd_5 & -\dfrac{\sqrt{3}}{2}\cdot cd_5 & 0 \\[2mm] 0 & \dfrac{\sqrt{3}}{2} & \dfrac{1}{2} & 0 \\[2mm] 0 & 0 & 0 & 1 \end{pmatrix} \tag{3.8}$$

$$A_{5b} = \begin{pmatrix} cd_5 & \dfrac{\sqrt{3}}{2}\cdot sd_5 & -\dfrac{1}{2}\cdot sd_5 & 0 \\[2mm] -sd_5 & \dfrac{\sqrt{3}}{2}\cdot cd_5 & \dfrac{1}{2}\cdot cd_5 & 0 \\[2mm] 0 & -\dfrac{1}{2} & \dfrac{\sqrt{3}}{2} & 0 \\[2mm] 0 & 0 & 0 & 1 \end{pmatrix} \tag{3.9}$$

$$A_6 = \begin{pmatrix} cd_6 & -sd_6 & 0 & 0 \\ sd_6 & cd_6 & 0 & 0 \\ 0 & 0 & 1 & 0 \\ 0 & 0 & 0 & 1 \end{pmatrix} \tag{3.10}$$

mit $sd_i = \sin(d_i)$, $cd_i = \cos(d_i)$

Die konstanten Transformationen $\mathbf{K}_0$ und $\mathbf{TR}$ ergeben sich zu

$$K_0 = \begin{pmatrix} 1 & 0 & 0 & 0 \\ 0 & -1 & 0 & 0 \\ 0 & 0 & -1 & 0 \\ 0 & 0 & 0 & 1 \end{pmatrix} = K_0^{-1} \tag{3.11}$$

$$TR = \begin{pmatrix} 0 & -1 & 0 & 0 \\ -1 & 0 & 0 & 0 \\ 0 & 0 & -1 & -eh \\ 0 & 0 & 0 & 1 \end{pmatrix} = TR^{-1} \tag{3.12}$$

Die kinematische Gleichung (3.3) soll von nun an in der Form

$$A_1(d_1) \cdot A_2(d_2) \cdot ... \cdot A_5(d_5) \cdot A_6(d_6) = W \tag{3.13}$$

mit

$$W = K_0^{-1} \cdot {}^R T_E \cdot TR^{-1} = : \left(\begin{array}{ccc|c} & & & | & \\ n & o & a & | & p \\ & & & | & \\ \hline \overline{0} & \overline{0} & \overline{0} & | & \overline{1} \end{array} \right) = \left(\begin{array}{cccc} nx & ox & ax & px \\ ny & oy & ay & py \\ nz & oz & az & pz \\ 0 & 0 & 0 & 1 \end{array} \right) \tag{3.14a}$$

und

$$A_5(d_5) := A_{5a}(d_5) \cdot A_{5b}(d_5) \tag{3.14b}$$

verwendet werden.

${}^R T_E$ gibt die Position und Orientierung des Tool-Center-Point-KOS an, die Matrix W beschreibt dann die Stellung des Handwurzelpunkt-Frames S_7 im System S_1.

Die Stellung eines Effektorframes (bzw. Werkzeugframes) S_E läßt sich üblicherweise über 4 elementare Transformationen (eine Translation und drei Rotationen) bilden. Beim vorliegenden Roboter wurde hierzu die Transformationsreihenfolge

$${}^R T_E = Trans(x,y,z) \cdot Rotz(\alpha) \cdot Roty(-\beta) \cdot Rotx(\gamma) \tag{3.15}$$

festgelegt. ${}^R T_E$ ergibt sich damit zu:

$${}^R T_E = \left(\begin{array}{cccc} c\alpha c\beta & -s\alpha c\gamma - c\alpha s\beta s\gamma & s\alpha s\gamma - c\alpha s\beta c\gamma & x \\ s\alpha c\beta & c\alpha c\gamma - s\alpha s\beta s\gamma & -c\alpha s\gamma - s\alpha s\beta c\gamma & y \\ s\beta & c\beta s\gamma & c\beta c\gamma & z \\ 0 & 0 & 0 & 1 \end{array} \right) \tag{3.16}$$

Durch Vorgabe der 6 Roboterkoordinaten $(x,y,z,\alpha,\beta,\gamma)$ ist die rechte Seite der kinematischen Gleichung eindeutig bestimmt, die linke Seite enthält die unbekannten Gelenkvariablen d_i.

Bedingt durch die Roboterkonstruktion (anschaulich) bzw. durch die Mehrdeutigkeiten bei trigonometrischen Funktionen (im mathematischen Sinn), gibt es jedoch mehrere (hier insgesamt 8) Lösungssätze d_i, die die kinematische

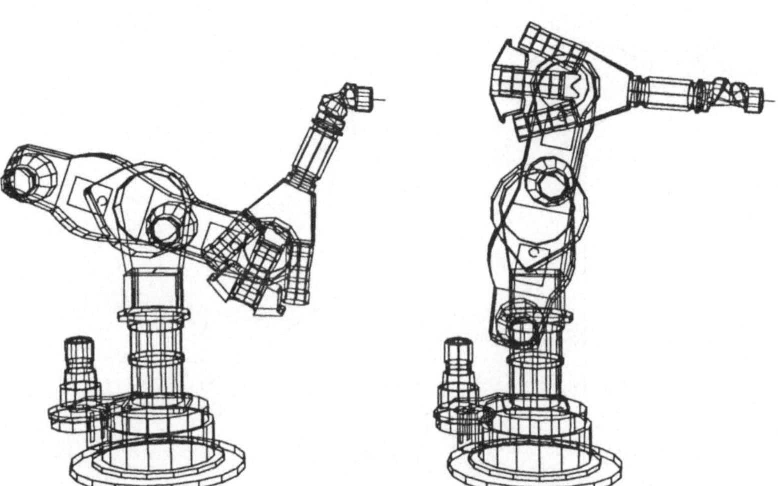

Abb. 3.2: Unterschiedliche Roboterkonfigurationen für die gleiche Stellung

Gleichung erfüllen (s. Abb. 3.2). Berücksichtigt man zusätzlich den Überlapp-bereich (d.h. Drehwinkel > 360°) in der vierten und sechsten Achse, so ergeben sich sogar $2 \cdot 2 \cdot 8 = 32$ unterschiedliche Roboterkonfigurationen. Für viele Aufgaben muß jedoch in der Regel gefordert werden, daß, z.B. um Kollisionen zu vermeiden, der Roboterarm in einer definierten Konstellation seine Tätigkeit ausführt. Zur Erzwingung einer eindeutigen Lösung muß man daher noch sogenannte "Stellungsparameter" angeben. Bei Robotern mit RCM[1]-Steuerung geschieht dies über die Festlegung des Vorzeichens der Achsen 3 und 5 und über die Vorgabe "Grund-" bzw. "Überkopfbereich". Der Roboter arbeitet im Grundbereich wenn das Vorzeichen der ersten Achse und der y-Koordinate des Handwurzelpunktes ungleich sind, andernfalls liegt der Überkopfbereich vor.

---

1)   Robot Control M - eingetragenes Warenzeichen der Fa. Siemens

3.3.2. Herleitung der Lösungsgleichungen

3.3.2.1. Berechnung der ersten drei Achswinkel

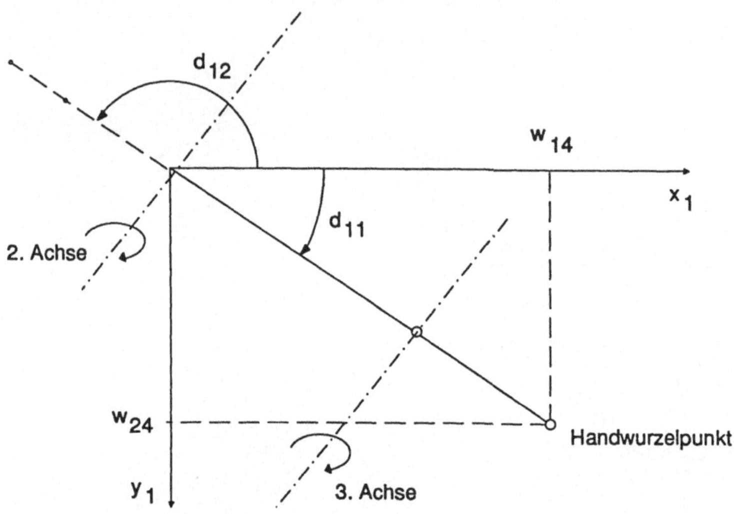

Abb. 3.3: Bestimmung des Achswinkels d_1

Die o.a. Matrix **W** enthält die Stellung des Handwurzelpunkt-Frames. Da sich
alle vier Handachsen in einem Punkt schneiden, bleibt dessen Position bei
beliebiger Drehung der Handachsen unverändert. Im mathematischen Sinn
bedeutet dies, daß die Matrizenpositionen (M1.4), (M2.4) und (M3.4) der
linken Seite von Gl. (3.13) unabhängig von den Winkeln d_4, d_5 und d_6 sind.
Aus der Projektion des HWP in die x_1-y_1-Ebene (Matrizenpositionen w_{14} und
w_{24}) kann direkt der Achswinkel d_1 berechnet werden, wobei durch die
Vorgabe des Stellungsparameters "Grund-"/"Überkopfbereich" der richtige
Wert für d_1 aus den Alternativen

$$d_{11} = ATAN2(\, w_{24},\, w_{14}\,), \quad d_{12} = ATAN2(\, -w_{24},\, -w_{14}\,) \tag{3.17}$$

ausgewählt wird.

Die Funktion ATAN2(b,a) stellt eine Erweiterung der Standardfunktion
"arctan" dar. Durch die Angabe von zwei vorzeichenbehafteten Argumenten

erhält man einen eindeutigen Winkel (im Bereich -180° < ATAN2(b,a) <180°).

Als nächstes kann der Winkel d_3 berechnet werden. Hilfreich ist hierzu eine geometrische Überlegung:

Der Abstand des HWP vom Ursprung des KOS S_1 berechnet sich aus

$$l = \sqrt{w_{14}^2 + w_{24}^2 + w_{34}^2} \tag{3.18}$$

Über den Cosinussatz

$$l^2 = a_2^2 + h_4^2 - 2 \cdot a_2 \cdot h_4 \cdot \cos(180° - d_3) \tag{3.19}$$

kann daraus d_3 berechnet werden. Bei bekanntem d_3 kann zuletzt über

$$w_{34} = a_2 \cdot \sin(90° - d_2) + h_4 \cdot \sin(90° - d_2 + d_3) \tag{3.20}$$

d_2 bestimmt werden.

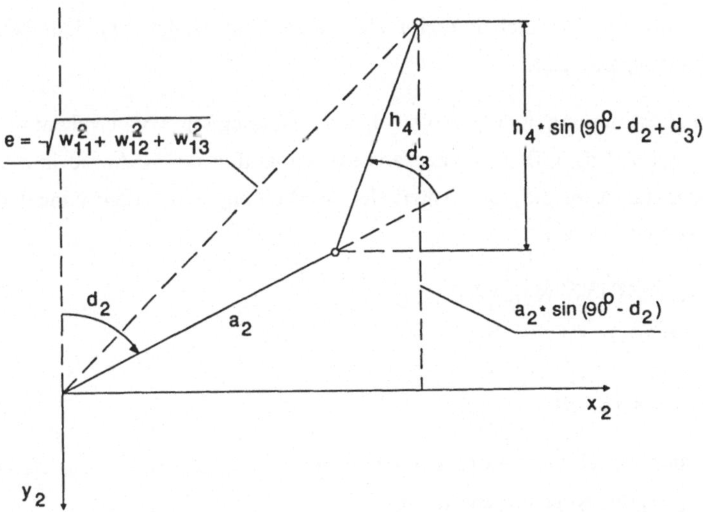

Abb. 3.4: Geometriebetrachtung zur Bestimmung von d_2 und d_3

3.3.2.2. Berechnung der Handwinkel

Zur Ermittlung der 3 Handwinkel d_4, d_5 und d_6 muß die kinematische Gleichung in die Form

$$A_4 \cdot A_5 \cdot A_6 = A_3^{-1} \cdot A_2^{-1} \cdot A_1^{-1} \cdot W =: V \tag{3.21}$$

gebracht werden. Die z-Komponente der z-Achse des Systems S_7 im System S_4, also das Matrizenelement (M3.3) in Gl.(3.21) wird durch Drehung von d_4 oder d_6 nicht verändert, ist also nur von d_5 abhängig. Auf der rechten Seite tritt an dieser Position nur eine Abhängigkeit von d_1, d_2 und d_3 (bereits berechnet) auf. Es kann somit die Lösungsgleichung für d_5 direkt angegeben werden (bereits vereinfacht):

$$cd_5^2 + 6cd_5 + 1 - 8 \cdot v_{33} = 0 \tag{3.22}$$

Hieraus berechnet sich d_5 nach Anwendung einer Plausibilitätsbetrachtung zu

$$d_5 = +/- \; arccos \left(2 \sqrt{2(v_{33}+1)} - 3 \right) \tag{3.23}$$

Das richtige Vorzeichen ergibt sich auch hier wieder aus dem bekannten Stellungsparameter.

Der Bestimmung von d_4 soll folgende Überlegung vorausgehen: wäre der Achswinkel $d_4 = 0$, so könnte aus der Projektion der z_7-Achse in die x_4-y_4-Ebene (s. Abb. 3.5) der Anteil der Verdrehung durch den Winkel d_5, d_{45}, berechnet werden.

$$d_{45} = ATAN2(\; v0_{23}, -v0_{13}) \tag{3.24}$$

mit

$$V0 = A_4(d_4{=}0) \cdot A_5 \cdot A_6 \tag{3.25}$$

Da sich die Gesamtverdrehung der Projektion der z_7-Achse aus ATAN2(v_{23}, $-v_{13}$) ergibt, folgt hieraus für d_4

$$d_4 = ATAN2(\; v_{23}, -v_{13}) - d_{45} \tag{3.26}$$

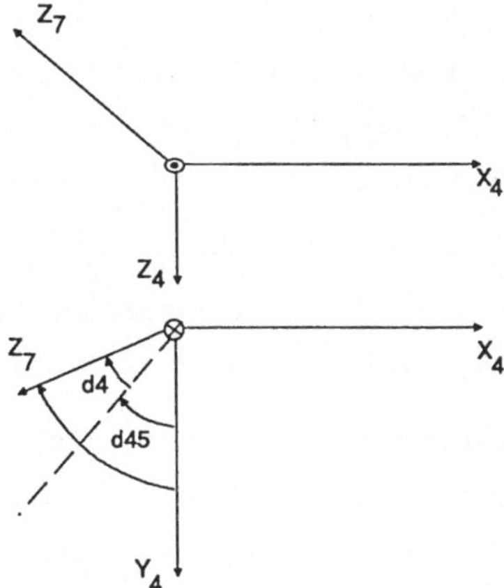

Abb. 3.5: Berechnung von d_4

Der letzte Winkel, d_6, ergibt sich aus den Matrizenpositionen (M1.1) und (M2.1) der rechten Seite von Gleichung

$$A_6 = A_5^{-1} \cdot A_4^{-1} \cdot A_3^{-1} \cdot A_2^{-1} \cdot A_1^{-1} \cdot W \qquad (3.27)$$

ohne weitere Fallunterscheidung zu:

$$d_6 = ATAN2(\ (M2.1),\ (M1.1)\ ) \qquad (3.28)$$

3.3.2.3. Bemerkungen zum Lösungsverfahren

1. Bei der Lösung der expliziten Rücktransformation tritt öfters eine Gleichung der Form $a \cdot \sin(d_i) - b \cdot \cos(d_i) = c$ auf. Diese ist nur lösbar, wenn gilt

$$a^2 + b^2 - c^2 > 0 \quad (\text{"Wurzelbedingung"}) \qquad (3.29)$$

    Daraus lassen sich Bedingungen für die Erreichbarkeit einer Stellung ableiten.

2. Für Variable d_i, die über zwei Gleichungen in Sinus-Cosinus-Form berechnet wurden, muß die Gültigkeit der Beziehung

$$\sin(d_i)^2 + \cos(d_i)^2 = 1 \qquad (3.30)$$

überprüft werden, da unerreichbare Stellungen zwar einen Winkelwert d_i liefern, dieser aber nicht zur gewünschten Effektorstellung führt ([23] S.67). Eine Erreichbarkeitsprüfung schon zu Beginn des Programms nimmt diesen Test vorweg und spart daher unnötige Rechenzeit.

3. Sämtliche berechnete Winkel d_i wurden auf den Bereich $-180° < d_i < 180°$ reduziert. Für gewünschte Lösungen im Überlappbereich (Achse 4 und 6) muß entsprechend 360^0 addiert bzw. subtrahiert werden.

4. Es ist über die rein arithmetische, explizite Rücktransformation möglich <u>ohne</u> Geometriebetrachtungen Lösungen zu finden; werden jedoch Stellungsparameter zur Auffindung einer <u>bestimmten</u> Lösung berücksichtigt, muß anhand der Robotergeometrie die gesuchte Lösung ausgewählt werden (s. z.B. Ermittlung von d_3).

5. Neben den mathematischen Kriterien für die Lösbarkeit der kinematischen Gleichung, gibt es aufgrund von konstruktionsbedingten Gelenkwinkelbegrenzungen eine weitere Einschränkung für das Auffinden einer wahren Lösung. Es muß deshalb noch überprüft werden, ob die erhaltenen Winkel im erlaubten Bereich liegen. Erst nach diesem (positiven) Test hat man die tatsächliche Lösung gefunden.

3.3.3. Einsatz eines Formelmanipulationssystems

Für die Matrizenoperationen "Multiplikation" und "Invertierung" müssen sehr viele Rechenschritte, beispielsweise bei der Multiplikation zweier DH-Matrizen im ungünstigsten Fall 36 ($= 12\cdot 3$) Multiplikationen und 27 ($= 12\cdot 2 + 3$) Additionen, ausgeführt werden. Die Umformung der kinematischen Gleichung ist deshalb sehr mühsam und es können schwer aufzufindende Fehler auftreten. Aus diesem Grunde wurde am Institut für Mathematik und Informatik der TU München im Rahmen einer Studienarbeit ein speziell auf die DH-Matrizen-Multiplikation und -Invertierung zurechtgeschnittenes Formelmanipulationssystem entwickelt, welches diese Aufgabe schnell und zuverlässig erledigt. Es müssen nur die Parameter der DH-Matrizen und die gewünschte Form der kinematischen Gleichung eingegeben werden. Mit den derart ermit-

telten Elementen der kinematischen Gleichung reduziert sich der rechnerische
Aufwand für die explizite Rücktransformation erheblich.

3.4. Lösung der allgemeinen Rücktransformation

3.4.1. Leistungsumfang der implementierten allgemeinen Rücktransformation

Soll ein neues Roboterkonzept entwickelt werden, so muß mit viel Erfahrung
die Reihenfolge und Lage der Achsen definiert werden, damit eine explizite
Lösung überhaupt existiert. Günstig wäre es hierbei, wenn man mit graphischer Unterstützung eine neue kinematische Struktur aufbauen könnte und
sofort eine Lösung der kinematischen Gleichung zur Verfügung hätte, um z.B.
Arbeitsraumstudien durchführen zu können. Beim Aufbau eines neuen Roboters ist anschaulich klar, daß es nicht für jede beliebige Achsanordnung ein
explizites Lösungsverfahren geben kann. Aus diesem Grunde wurde, aufbau-
end auf [90], ein allgemeines, iteratives Verfahren entwickelt, mit dem sich
jede, durch Translations- und Rotationsachsen beschreibbare, kinematische
Struktur lösen läßt.

Das Verfahren kann nach der graphischen Identifizierung der Rotations- bzw.
Translationsachsen und der Angabe des Achstyps direkt angewendet werden.
Mit dem entwickelten Verfahren ist es außerdem möglich, Nebenbedingungen
zu berücksichtigen:

- Aufgrund von Getriebekopplungen kann der Achswert einer Achse von
  einer anderen Achse abhängig sein: $q_i = f(q_j)$ (Beispiel: Roboter mit
  Doppelwinkelhand).

- Eine Achse kann während der Iteration festgehalten werden (q_i=const.).

- Bei einem Roboter mit mehr als 6 Achsen kann die Reihenfolge in der
  die einzelnen Gelenke zum Erreichen einer gewünschten Stellung bewegt
  werden sollen, vorgegeben werden (möglichst nur die Handachsen bewegen, bevor die "großen" Achsen bewegt werden müssen).

- Bei kinematischen Ketten kann das erste und letzte bewegliche Element definiert werden. Eine auszuführende Bewegung wird dann nur von den dazwischenliegenden Achsen ausgeführt.

- Geschlossene kinematische Ketten können aufgebrochen, jeder Teil für sich berechnet und über Koppelbedingungen an der Schnittstelle wieder zusammengefügt werden.

- Auszuführende Bewegungen können definiert den einzelnen Ästen verzweigter Strukturen zugeordnet werden (z.B. kann bei der Simulation der

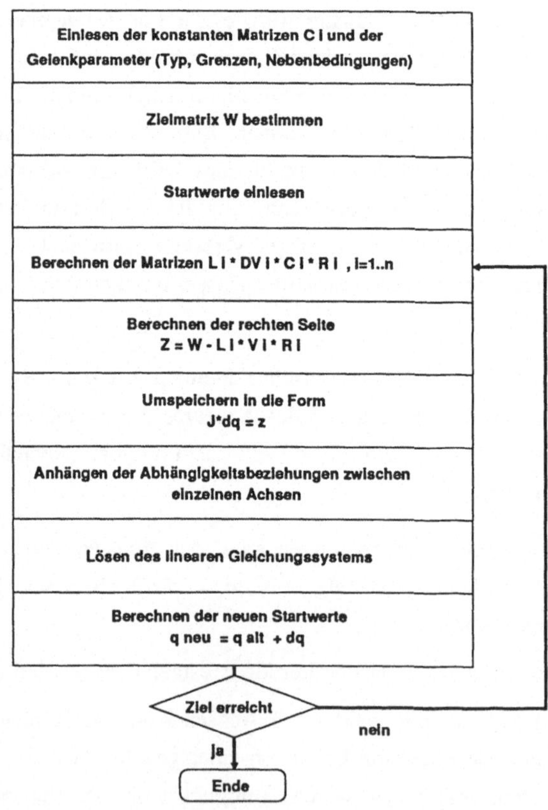

Abb. 3.6: Flußdiagramm der iterativen Rücktransformation

Kinematik eines Menschen wahlweise der rechte oder der linke Arm bewegt werden).

- Im weiteren Verlauf der Arbeiten sollen Gewichtungsfunktionen implementiert werden, um wählbare Achsen während der Iteration in einem bestimmten Bereich "festzuhalten" (nichtlineares Optimierungsproblem mit Randbedingungen, wobei Randbedingung = Erfüllung der kinematischen Gleichung).

3.4.2. Lösungsweg

3.4.2.1. Newton-Verfahren

Die o.a. kinematische Gleichung (2.21) soll im folgenden zur Lösung der Rücktransformation herangezogen werden (Abb. 3.6) [92] S. 147ff.. Sie stellt ein Funktionensystem von 12 (jedoch redundanten) Gleichungen der n Achsvariablen q dar. Das inverse Problem der Roboterkinematik lautet nun: für ein vorgegebenes W (Zielposition) bestimme $q = q_z$ so, daß

$$F(q_z) = C_0 \cdot \prod_{i=1}^{n} (V_i(q_{zi}) \cdot C_i) - W = 0 \qquad (3.31)$$

Das nichlineare Gleichungsystem (3.31) in den n Unbekannten q kann ohne spezielle Kenntnis der Matrizen C_i und V_i, d.h. ohne Kenntnis der Art und Anordnung der Gelenke, nur iterativ gelöst werden. Eine Taylorentwicklung um einen festen Punkt q_0 (Startwert) und Abbruch nach dem ersten Glied liefert

$$F(q_0) + \left. \frac{\partial F(q)}{\partial q} \right|_{q_0} \cdot dq_i = 0 \qquad (3.32)$$

Dadurch wird F(q) im Punkt q_0 durch ein lineares Funktionensystem ersetzt. Das berechnete dq ergibt im ersten Schritt mit $q_{neu} = q_0 + dq$ eine Näherung für die zu berechnende Stellung q_z, da die linearisierte Gleichung den tatsächlichen kinematischen Gegebenheiten nur angenähert ist. Diese Näherung q_{neu} ist der verbesserte Startwert, der der Gleichung F(q_{neu}) = 0 genügen soll.

Das Verfahren wird so lange fortgesetzt bis nach dem i-ten Schritt Gleichung (3) erfüllt ist. Theoretisch konvergiert für i $\longrightarrow \infty$ q gegen q_z, die Zielposition gilt aber praktisch als erreicht, wenn jedes Element von F(q) eine Schranke ε unterschreitet. Die Iteration kann abgebrochen werden, wenn sich der Funktionswert F(q) kaum mehr verändert und die Zielposition nicht erreicht ist, d.h. der Algorithmus hat sich "festgefahren", oder wenn

$$\mid F(q)_{\text{Schritt(i)}} \mid_2 \; > \; \mid F(q)_{\text{Schritt(i-1)}} \mid_2$$

d.h. die Lösung konvergiert nicht gegen q_z.

3.4.2.2. Anwendung des Newton-Verfahrens

In unserem speziellen Fall lautet Gleichung (3.32)

$$F(q) = F(q_0) + \sum_{i=1}^{n} \frac{\partial F(q)}{\partial q_i}\bigg|_{q_0} \cdot dq_i = 0 \tag{3.33}$$

mit

$$F(q_0) = C_0 \cdot \prod_{i=1}^{n} (V_i(q_0) \cdot C_i) - W =: -Z \tag{3.34a}$$

$$\frac{\partial F(q_k)}{\partial q_k} = C_0 \cdot \prod_{i=1}^{k-1} (V_i \cdot C_i) \cdot DV_k \cdot C_k \cdot \prod_{i=k+1}^{n} (V_i \cdot C_i) \tag{3.34b}$$

$$DV_k := \frac{\partial V_k}{\partial q_k} = \begin{pmatrix} -\sin q_k & -\cos q_k & 0 & 0 \\ \cos q_k & -\sin q_k & 0 & 0 \\ 0 & 0 & 0 & 0 \\ 0 & 0 & 0 & 0 \end{pmatrix}, \text{für Rotationsachsen} \tag{3.35a}$$

$$DV_k := \frac{\partial V_k}{\partial q_k} = \begin{pmatrix} 0 & 0 & 0 & 0 \\ 0 & 0 & 0 & 0 \\ 0 & 0 & 0 & 1 \\ 0 & 0 & 0 & 0 \end{pmatrix}, \text{für Translationsachsen} \tag{3.35b}$$

Damit läßt sich die linearisierte kinematische Gleichung (3.33) in der Form

$$C_0 \cdot \sum_{k=1}^{n} \left[\prod_{i=1}^{k-1} (V_i \cdot C_i) \cdot DV_k \cdot C_k \cdot \prod_{i=k+1}^{n} (V_i \cdot C_i) \cdot dq_k \right] = Z \qquad (3.36)$$

anschreiben.

Die einzelnen Summanden von (3.36) haben bis auf den Faktor DV_k die gleiche Darstellung wie die exakte kinematische Gleichung (2.23). DV_k "wandert" sozusagen bei den Einzeltermen von links nach rechts durch. Aus diesem Grund empfiehlt es sich, die Teilprodukte links und rechts von DV_k in einer geschickten Reihenfolge zu berechnen. Definiert man eine "linke" Matrix L_1 := C_0 und eine "rechte" Matrix R_n := C_n, so kann über die Rechenvorschrift

$$L_k = L_{k-1} \cdot V_{k-1} \cdot C_{k-1} \, , \quad k=2..n$$

$$R_k = C_k \cdot V_{k+1} \cdot R_{k+1} \, , \quad k=n-1..1 \qquad (3.37)$$

Gleichung (3.36) in der äquivalenten Form

$$\sum_{k=1}^{n} L_k \cdot DV_k \cdot R_k \cdot dq_k = Z = W - L_1 \cdot V_1 \cdot R_1 \qquad (3.38)$$

angeschrieben werden.

Die Gln. (3.36) bzw. (3.38) stellen ein lineares Gleichungssystem mit 12 Gleichungen in den n Unbekannten dq_k dar. Zur Berechnung muß das Gleichungssystem in die Form

$$J \cdot dq = z \qquad (3.39)$$

gebracht werden. Die 12 Elemente des Produkts $L_k \cdot DV_k \cdot R_k$ werden dabei in die Spalte k der Matrix J (Jacobi-Matrix) übertragen, die Elemente von Z in den Vektor z. Da die Komponenten des Rotationsteils von $L_k \cdot DV_k \cdot R_k$ (linke obere $3 \cdot 3$-Matrix) redundant sind, würde es zur Lösung ausreichen, nur drei Elemente hiervon auszuwählen. Es hat sich aber gezeigt, daß die Lösung bei Nutzung sämtlicher Informationen etwas schneller und sicherer konvergiert.

3.4.2.3. Berücksichtigung von Nebenbedingungen

Wie eingangs erwähnt, soll es mit dem Algorithmus möglich sein, Nebenbedingungen zu berücksichtigen:

a) Eine Abhängigkeitsgleichung einer Gelenkvariablen von einer anderen kann in der Form $q_i = g(q_j)$ formuliert werden. Unter der Voraussetzung, daß q_i eine beliebige, differenzierbare Funktion von q_j ist, kann die Funktion $G(q_i, q_j) = q_i - g(q_j) = 0$ linearisiert werden:

$$G(q_i, q_j) = G(q_{i0}, q_{j0}) + \left. \frac{\partial G(q_i, q_j)}{\partial q_i} \right|_{(q_{i0}, q_{j0})} \cdot dq_i$$

$$+ \left. \frac{\partial G(q_i, q_j)}{\partial q_j} \right|_{(q_{i0}, q_{j0})} \cdot dq_j = 0 \tag{3.40}$$

$$\frac{\partial G(q_i, q_j)}{\partial q_i} = 1 \tag{3.41a}$$

$$\frac{\partial G(q_i, q_j)}{\partial q_j} = \frac{-dg(q_j)}{dq_j} \tag{3.41b}$$

und damit:

$$dq_i - \frac{dg(q_j)}{dq_j} \cdot dq_j = g(q_{j0}) - q_{i0} \tag{3.42}$$

Die rechte Seite von (3.42) ist aufgrund der Forderung $q_i = g(q_j)$ identisch 0, die linke Seite muß demnach ebenfalls den Wert 0 ergeben. Gl. (3.42) kann in das lineare Gleichungssystem (3.39) übernommen werden, in dem J und z um jeweils eine Zeile erweitert werden. In dieser Zeile steht in der i-ten Spalte eine 1, in der j-ten Spalte wird die Ableitung von -g nach q_j eingetragen. Die restlichen Elemente erhalten den Wert

0, ebenso die rechte Seite. Für weitere Abhängigkeiten (z.B auch der Abhängigkeit einer Variablen von mehreren anderen) kann ganz analog verfahren werden.

b) Die Forderung, daß bei der Lösungssuche eine Achse nicht bewegt werden soll, stellt einen Spezialfall von a) dar: q_i = const. —> dq_i = 0 —> eintragen des Wertes 1 in der i-ten Spalte einer zusätzlich aufgenommenen Zeile.

c) Bei einem Roboter mit mehr als 6 Achsen in linearer Anordnung können bestimmte Stellungen auf unendlich viele Arten angefahren werden. Durch die Festlegung einer Bewegungsreihenfolge kann erreicht werden, daß z.B. nur die Handachsen bewegt werden. Falls keine Lösung gefunden wird, werden die "großen" Achsen mitbewegt. Hierzu werden die zu den nicht zu berücksichtigenden Achsen korrespondierenden Spalten von **J** zu Null gesetzt und sukzessive, bei nicht Erreichen der Position, die Achsen in der definierten Reihenfolge hinzugenommen.

d) Die einzelnen Äste einer verzweigten kinematischen Struktur lassen sich in der Regel unabhängig voneinander bewegen. Es kann definiert werden, auf welche Teilkette sich eine vorgegebene Transformation beziehen soll.

e) Geschlossene kinematische Ketten besitzen üblicherweise ein Element (=Führungselement), dessen Position und Orientierung bzw. dessen Be-

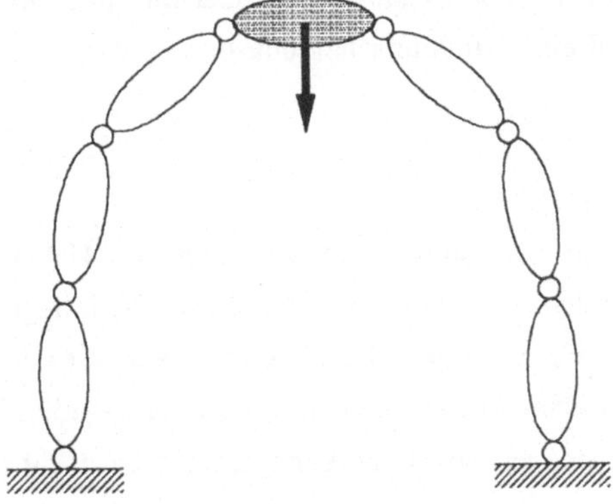

Abb. 3.7a: Geschlossene kinematische Kette

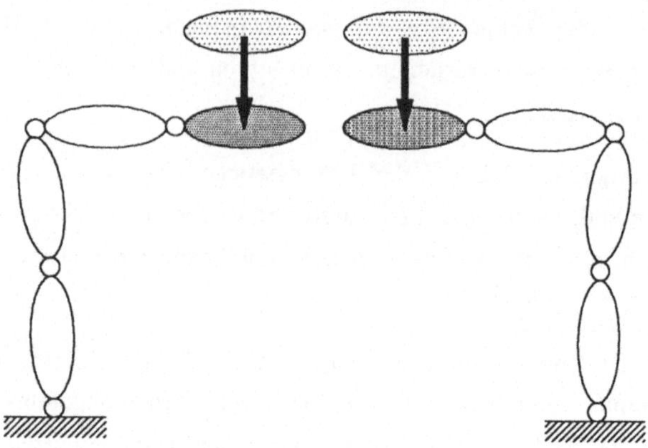

Abb. 3.7b: Auftrennen der geschlossenen kinematischen Kette zur Berechnung der Rücktransformation

wegung vorgegeben wird. Die Rücktransformation kann durchgeführt werden, indem das Führungselement dupliziert, die Kette an diesem Element aufgebrochen, jedem Teil ein Führungselement zugeordnet und jede offene Teilkette für sich berechnet wird (Abb. 3.7a,b). Die Schließbedingung ist erfüllt, wenn jede Kette für sich lösbar ist.

3.4.2.4. Betrachtungen zur Lösbarkeit

Das Gleichungssystem (3.39) kann formal über die Invertierung von J gelöst werden. Dazu muß eine Fallunterscheidung durchgeführt werden (f: Zahl der Freiheitsgrade):

a) $f = n < 6$

Es stehen mehr Gleichungen zur Verfügung als Unbekannte vorhanden sind, das System ist überbestimmt (dieser Fall liegt z.B. bei einem Roboter mit nur zwei parallelen Achsen vor - es ist dann nur eine Bewegung in einer Ebene möglich; eine Raumposition, die nur minimal von dieser Ebene entfernt liegt, kann schon nicht mehr erreicht werden). Um die Position trotzdem so gut wie möglich zu erreichen, soll die euklidische Norm des Residuums $r_2 = \| \mathbf{J}d\mathbf{q} - \mathbf{z} \|_2$ ein Minimum annehmen. Dies führt auf die Lösung $d\mathbf{q} = \mathbf{J}^+\mathbf{z}$, mit $\mathbf{J}^+ = [\mathbf{J}^T\mathbf{J}]^{-1}\mathbf{J}^T$.

b) $f = n = 6$

Die Lösung kann über $d\mathbf{q} = \mathbf{J}^{-1}\mathbf{z}$ berechnet werden.

c) $f = n > 6$

Es sind mehr Unbekannte als Gleichungen vorhanden. Das unterbestimmte System wird durch die Forderung $\| d\mathbf{q} \|_2 \longrightarrow$ min! ergänzt. Die formale Lösung lautet damit $d\mathbf{q} = \mathbf{J}^+\mathbf{z}$, mit $\mathbf{J}^+ = \mathbf{J}[\mathbf{J}\mathbf{J}^T]^{-1}$.

3.4.3. Anwendungsbeispiele und Ergebnisse

Das beschriebene Rücktransformationsverfahren wurde zur Verifikation auf verschiedene kinematische Strukturen angewendet. Dabei wurde vor allem die Berücksichtigung der o.a. Nebenbedingungen überprüft. Die Lösung des linearen Gleichungssystems kann bei kinematisch bestimmten Strukturen entweder über die Gauß-Elimination oder über die singuläre Wertezerlegung (SVD) durchgeführt werden. Abhängig vom verwendeten Lösungsverfahren und von der Abweichung der Start- von der Zielposition ergibt sich eine unterschiedliche Zahl von Iterationsschritten. Das Problem bei der Gauß-Elimination ist die Rangerniedrigung der Matrix $\mathbf{J}$ an singulären Stellen und die daraus resultierende Unlösbarkeit des Gleichungssystems. Aus diesem Grund wurde in der Regel die SVD eingesetzt.

a)   Kinematisch bestimmter Knickarmroboter

In Abb. 3.8 dargestellt ist die Anzahl der Iterationsschritte, abhängig von der Abweichung der Startposition von der Zielposition ($= 0°$) für die 6. Achse. Die Gauß-Elimination konvergiert in diesem Fall nur dann, wenn die Startabweichung im Bereich -90° ... 30° liegt. Die Anzahl der Iterationsschritte bei Verwendung sämtlicher 12 verfügbaren Gleichungen ist in der Regel am niedrigsten.

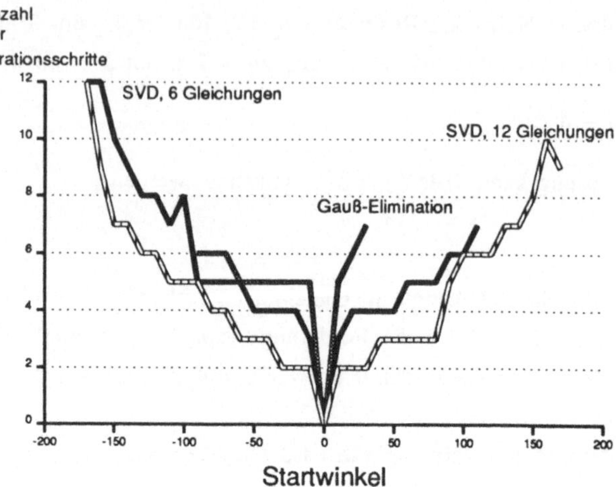

Abb. 3.8: Iterationsverhalten für die 6. Achse eines Knickarmroboters

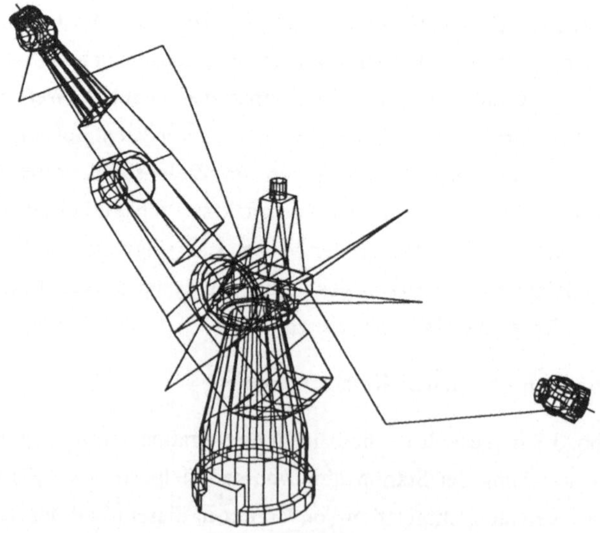

Abb. 3.9: Bahn des TCP bei der Iteration

Abb. 3.9 zeigt einen Knickarmroboter, der aus einer singulären Stelle (gestreckter Arm nach rechts, nur Roboterhand dargestellt) in eine ge-

genüberliegende, nahezu singuläre Stelle gefahren ist. Es waren hierfür ca. 15 Iterationsschritte nötig (die gezackte Kurve zeigt den Weg des TCP während der Iteration).

b)   Lineare Abhängigkeitsgleichung zwischen 2 Achsen

Ein Roboter vom Typ KUKA361 kann mit der oben beschriebenen Doppelwinkelhand ausgerüstet werden (Abb. 3.10). Alle Handachsen (Achsen 4 bis 7) schneiden sich in einem Punkt, wodurch auch eine explizite Lösung der Rücktransformation existiert (s.o.). Die Achse 6 schließt mit der Achse 5 einen Winkel von 120° ein. Aufgrund einer Getriebekopplung kann die Achse 6 jedoch nicht unabhängig bewegt werden. Durch die Berücksichtigung der Beziehung $q_6 = - q_5$ kann das allgemeine Rücktransformationsverfahren auf diesen Roboter korrekt angewendet werden.

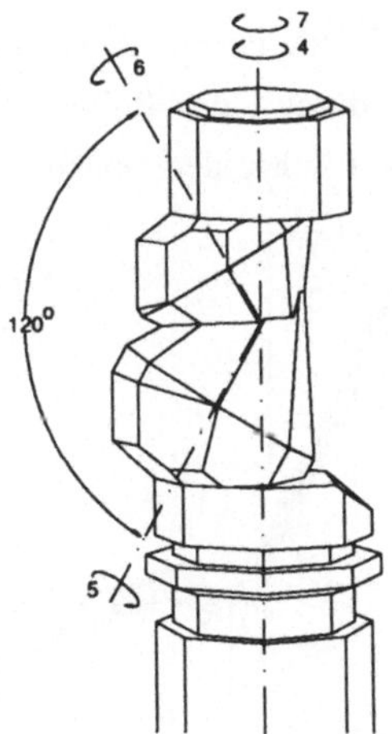

Abb. 3.10: Anordnung der Handachsen für einen Roboter mit Doppel-winkelhand

c)   geschlossene kinematische Kette

Eine einfach geschlossene kinematische Kette liegt dann vor, wenn zwei Kettenglieder (Anfangs- und Endglied) fest mit der Umgebung verbunden

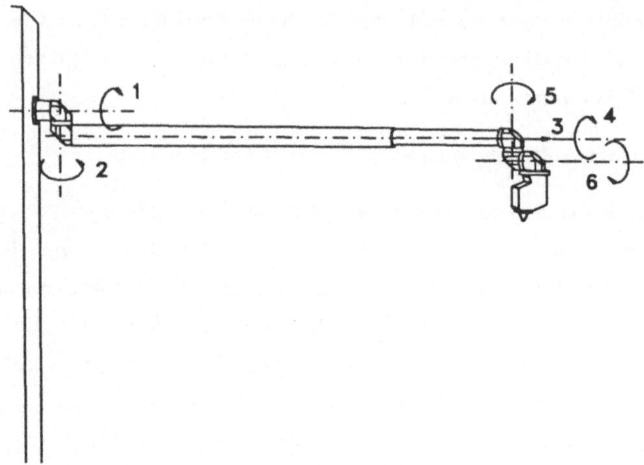

Abb. 3.11: *Explizit nicht lösbare kinematische Struktur mit 6 Achsen*

sind. Ein Beispiel hierfür ist die Bewegung eines Laserstrahlführungs-
systems (Abb. 3.11) durch einen Roboter [49]. Da sich die Handachsen
nicht in einem Punkt schneiden, existiert keine explizite Lösung der

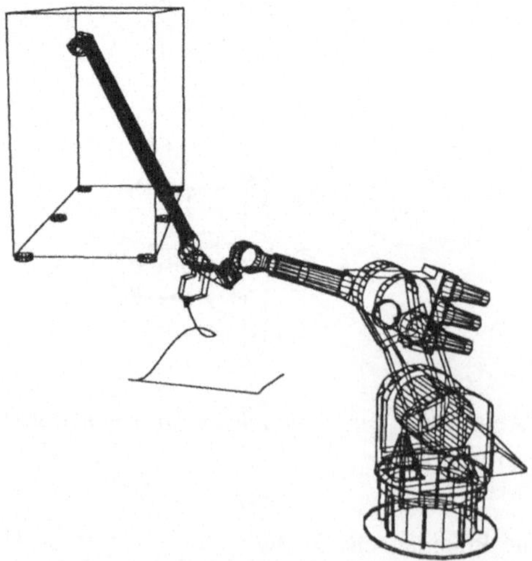

Abb. 3.12: *Geschlossene kinematische Kette mit Roboter und sechsachsi-
gem Laserstrahlführungssystem*

Rücktransformation. Wird das vorderste Element an die Roboterhand eines Knickarmroboters gekoppelt, so ergibt sich eine einfach geschlossene kinematische Kette mit 12 Gelenken. Die Bewegung wird vorgegeben durch die Hand des Roboters. Die Lösung der Rücktransformation wird in diesem Fall für den Roboter explizit, für den Gelenkmechanismus iterativ durchgeführt. Da hier bei der Bestimmung der inversen Transformation die Achswerte des letzten Zeitschrittes als Startwerte benutzt werden können, kann die Lösung jeweils in zwei bis vier Iterationsschritten berechnet werden. Inklusive der graphischen Darstellung wird hier noch annähernd Echtzeitfähigkeit erreicht. Abb. 3.12 zeigt die Bahn, die bei Vorgabe einer Roboterbewegung erzeugt wurde.

d)   verzweigte Strukturen

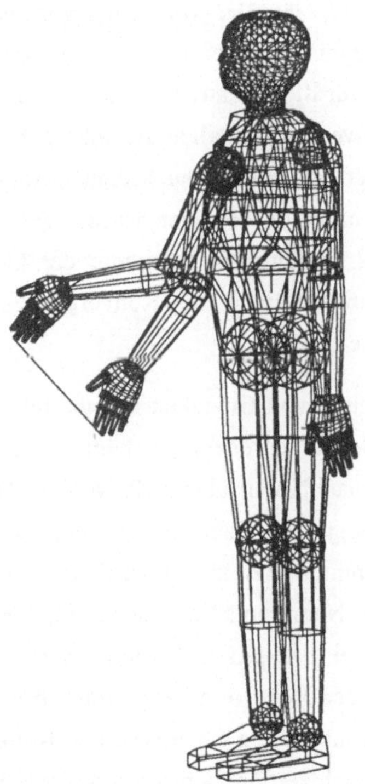

Abb. 3.13: Simulation einer Handbewegung

Eine recht bekannte Kinematik dieses Typs ist ein Mensch der in diesem Sinne vier "Äste" (je zwei Arme und Beine) aufweist. Bei der Simulation von manuellen Arbeitsplätzen [63] kann ein Modell eines Menschen bewegt und ein Arbeitsprogramm generiert werden . Hierzu kann interaktiv festgelegt werden, mit welcher Hand beispielsweise eine Montageaufgabe ausgeführt werden soll. Die vorgegebene Transformation bezieht sich dann auf die momentan aktive Teilkette (in Abb 3.13 der rechte Arm).

3.4.4. Bemerkungen

Vorgestellt wurde ein neues Verfahren, mit dem sich die Rücktransformation für beliebige, durch Translations- und Rotationsachsen beschreibbare, kinematische Strukturen lösen läßt. Der Vorteil der verwendeten Methode besteht darin, daß nach der graphischen Identifikation der Achsen beim Aufbau einer Kinematik bereits alle für die Rücktransformation nötigen Informationen vorhanden sind. Das Konvergenzverhalten ist sehr gut, durch die Verwendung der singulären Wertezerlegung kann auch eine Lösung an singulären Stellen (dort wo die Gauß-Elimination versagen würde) gefunden werden. Die Ausnutzung sämtlicher 12 verfügbaren Elemente der kinematischen Gleichung führt zu einem besseren und sichereren Konvergenzverhalten als bei Verwendung der 6 nötigen Elemente.

Definierte Abhängigkeiten von Gelenken können mit der SVD berücksichtigt werden. Künstliche Gelenkbegrenzungen können wahlweise schon während der Iteration oder im nachhinein überprüft werden. Durch die geplante Einführung von Gewichtungsfunktionen soll es möglich werden, wählbare Gelenke in einem bestimmten Bereich "festzuhalten" oder bestimmte Achsen bevorzugt zu bewegen. Naturgemäß ist die allgemeine iterative Rücktransformation langsamer als eine explizite Lösung, weshalb in USIS für explizit lösbare Strukturen in der Regel eine explizite Lösung eingesetzt wird. Für die Bewegung der geschlossenen kinematischen Kette (Beispiel c aus 3.4.3) kann noch annähernd Echtzeitfähigkeit erreicht werden. Das entwickelte *allgemeine* Lösungsverfahren war hier genau so schnell wie ein von der Fa.

KUKA zu Testzwecken zur Verfügung gestelltes *spezielles* iteratives Rücktransformationsmodul.

Innerhalb von USIS stellt das vorgestellte Verfahren eine häufig benötigte Komponente dar. Daher ist das Simulationssystem USIS eine geeignete Testumgebung zur Verifikation der Algorithmen.

4 Konzeption eines Robotermodells unter Berücksichtigung der Dynamik

4.1. Grundsätzliche Bemerkungen zur Dynamik von Mehrkörpersystemen

Die Dynamik von Mehrkörpersystemen beinhaltet die 3 Gebiete Kinematik, Kinetik und die Steuerung und Regelung. In den vorangegangenen Kapiteln wurde die Roboterkinematik (kinematischer Aufbau, Vorwärts-/Rücktransformation, kinematische Bahnplanung) behandelt. Im nun folgenden Abschnitt werden die auf das System Roboter wirkenden Kräfte (Kinetik) und deren gezielte Beeinflussung zum Erreichen definierter Bewegungen (Steuerung und Regelung) berücksichtigt. Es soll hier nicht so sehr auf mathematische Herleitungen der Bewegungsgleichungen und deren Auswertung eingegangen - die theoretischen Grundlagen finden sich beispielsweise in [41,94], [93] S.53ff. - sondern vielmehr die Integration von bereits bestehenden Programmen in das vorhandene Simulationssystem untersucht werden. Nach Darstellung der für das Verständnis wichtigen Zusammenhänge wird ein Anforderungsprofil an ein Dynamiksimulationsprogramm erstellt, ein geeignetes Programm ausgewählt und dessen Eigenschaften erläutert.

Ein Industrieroboter besteht, wie auch immer er konzipiert sein mag, aus einer Anzahl von Teilkörpern, die untereinander durch Gelenke zu Baum- oder Kreisstrukturen verbunden sind. Diese Struktur kann mit beliebigen Kräften und Momenten[1] (Feder-, Dämpfer-, Gravitations-, Reibungskräfte, Stellkräfte und -momente) an beliebigen Angriffspunkten beaufschlagt sein. Bei der mechanischen Betrachtung solcher Systeme gilt es nun den realen Roboter, einer einfacheren Beschreibung wegen, durch gewisse Vereinbarungen zu abstrahieren. Von mechanischer Seite aus betrachtet, stellt ein Roboter zunächst einmal ein elastisches MKS dar. Sowohl die Teilkörper, als auch die

---

[1] im folgenden soll der Begriff Kraft im Sinne von Kraft und/oder Moment verstanden werden

Gelenke sind elastisch deformierbar. Bei Industrierobotern ist der Einfluß von Armelastizitäten auf die Dynamik jedoch sekundär und wird deshalb hier vernachlässigt. Spezielle Dynamik-Simulationsprogramme können Elastizitäten der Teilkörper in Form von Finite-Elemente-Berechnungen berücksichtigen. Diese Betrachtungsweise soll jedoch ausgeklammert werden, da bei der Bewegungssimulation das Gesamtsystem im Vordergrund stehen soll ("Maschinenebene" in Abb. 1.2).

Entscheidend für die Geometrie der Bewegungen eines MKS ist seine Struktur. Man unterscheidet Gelenke mit translatorischen (Schubgelenke) und rotatorischen (Drehgelenke) Freiheitsgraden. Durch die Kombination dieser Gelenktypen bestimmt sich der Arbeitsraum und die Bewegungsgeometrie innerhalb dieses Arbeitsraumes. Um einen Gegenstand entlang einer räumlichen Bahn mit definierter Ausrichtung zu führen, benötigt man insgesamt sechs Freiheitsgrade: drei für die Bahnbewegung und drei für die Orientierung des Gegenstandes. Da in den meisten Einsatzfällen eine Trennung zwischen Lage- und Orientierungsänderung günstig ist, ist die am häufigsten vorzufindende Roboterkonfiguration jene mit drei Armelementen mit drei Freiheitsgraden für die Positions- und drei Greifer-Freiheitsgraden für die Orientierungseinstellung.

Den Bewegungsablauf kennzeichnende Größen sind:

- Anzahl der Freiheitsgrade der Gelenke,

- Tragfähigkeit,

- Struktur des MKS (offene, geschlossene Kette),

- Verfahrwege / Drehwinkel,

- Verfahr-/ Drehgeschwindigkeiten,

- Antriebskräfte / -momente (und deren Begrenzungen),

- Steuerungs-/Regelungstyp (Gestalt der Regelstrecke),

- geforderte Toleranzen,

- Arbeitsraum,

- Optimierungskriterien der Bewegung: Zeit, Energie, Stoßfreiheit, Momente.

4.2. Mechanische Grundlagen

4.2.1. Klassifizierung von Mehrkörpersystemen

Um einen realen Industrieroboter in seinem für die Robotersimulation wesentlichen Verhalten in einem Modell erfassen zu können, gilt es, einige Vereinfachungen zu treffen. Dazu gehören:

- alle Teilkörper sind starr, und

- Gelenke und Kraftelemente sind masselos; ihre Massen werden den durch sie verbundenen Körpern zugeschlagen[1].

Die Körper eines mechanischen MKS sind untereinander durch Bindungen verknüpft, die im allgemeinen von der Lage, der Geschwindigkeit und der Zeit abhängen. Die aus diesen Zwangsbedingungen resultierenden Kräfte - Zwangskräfte genannt -, haben zur Folge, daß die Körper Bewegungen ausführen, die sie ohne Existenz dieser Bindungen nicht ausführen würden. Zur Klassifizierung solcher Bindungen unterscheidet man nach Art der Abhängigkeit in holonome (nur lageabhängig) und nicht-holonome. Ein weiteres Merkmal ist die Abhängigkeit von der Zeit, so daß man in skleronome (zeitabhängige) und rheonome (zeitunabhängige) Bindungen unterscheiden kann.

Für eine Baumstruktur können ohne weitere Transformation die Bewegungsgleichungen (BGLn), abgeleitet nach Newton-Euler oder Lagrange, ermittelt werden (s. 4.2.2). Zur mechanischen Betrachtung einer geschlossenen Struktur ist es jedoch nötig, diese zuerst in eine Baumstruktur zu überführen. Dazu stehen zwei Verfahren zur Verfügung. Beim ersten wird die kinematische Bindung gelöst (das Gelenk aufgetrennt) und die Schließbedingung als Funk-

---

1) Antriebsmotoren, Federn, Dämpfer stellen jedoch nachgiebige Verbindungen dar, die den Bewegungsablauf entscheidend mitbeeinflussen.

tion einer unabhängigen Variablen formuliert. Die zweite Methode (Methode von Lilov und Chirikov) kommt ohne das Entfernen eines Gelenks aus. Sie besteht darin, daß ein beliebig gewählter Körper der Schleife durch zwei identische Halbkörper ersetzt wird, die die gleiche Geometrie wie der ursprüngliche Körper, aber jeweils die halbe Masse und einen halb so großen Trägheitstensor besitzen. Mit den Gelenken des ursprünglichen Körpers ist nur jeweils einer der beiden Halbkörper verbunden. Die Schließbedingungen lassen sich dann über die Identität der absoluten Winkelgeschwindigkeiten und der Absolutgeschwindigkeiten der Massenmittelpunkte ableiten.

Um die Bewegung eines MKS beschreiben zu können, ist es notwendig die Lage und Orientierung eines jeden Teilkörpers zu kennen. Hierzu geht man am besten von einem raumfesten, karthesischen Koordinatensystem aus, das man bei ortsfest gelagerter Systembasis in die Basis, oder bei verfahrbaren Systemen in einen geeignet gewählten raumfesten Punkt legt. Für die Teilkörper werden körperfeste, orthogonale Koordinatensysteme vereinbart. Durch Transformationsmatrizen lassen sich die jeweiligen Teilkörper-Koordinaten leicht in Koordinaten anderer Teilkörper-Koordinatensysteme, oder in das Inertial-System überführen.

Die Relativbewegung einzelner Teilkörper läßt sich am einfachsten durch sogenannte generalisierte oder verallgemeinerte (Minimal-) Koordinaten beschreiben. Die f generalisierten Koordinaten ergeben sich bei Baumstrukturen aus den f Freiheitsgraden des Systems. Schreibt man die Bewegungsgleichungen und Zwangsbedingungen in Minimalkoordinaten an, so erhält man einen minimalen Satz von Differentialgleichungen, wobei die Anzahl der Bewegungsgleichungen der Anzahl der Freiheitsgrade und somit der generalisierten Koordinaten entspricht.

4.2.2. Aufstellen der Bewegungsgleichungen

Um für Mehrkörpersysteme die Bewegungsgleichungen aufzustellen bieten sich zwei klassische Verfahren der Mechanik an:

a)   "synthetische Methode" nach Newton-Euler

Die Generierung der Bewegungsgleichungen nach der Methode von Newton-Euler stellt die für das mechanische Verständnis anschaulichere Variante dar, da hier eine gedankliche Analyse des Kräftehaushalts des Systems der mathematischen Beschreibung vorausgeht. Die Gleichungen nach Newton-Euler leitet man aus dem Impuls- und Drallsatz unter Verwendung der Prinzipien von D'Alembert[1] und Jourdain[2] ab:

$$\int_K (\ddot{r}\, dm - dF_e - dF_z) = 0 \tag{4.1}$$

$$\int_K (dF_z)^T \partial \dot{r} = 0 \tag{4.2}$$

Für jeden Teilkörper werden die Drall- und Impulssatzbeziehungen erstellt und das Skalarprodukt dieser Gleichungen mit der zulässigen[3] Geschwindigkeit beziehungsweise Winkelgeschwindigkeit gebildet. Die Leistungsanteile der passiven Kräfte und Momente fallen dabei gemäß dem Satz von Jourdain heraus. Die Geschwindigkeiten und Winkelgeschwindigkeiten sind hier Funktionen der gewählten Minimalkoordinaten und deren zeitlicher Ableitung. Summiert man nun über alle Körper auf, so erhält man die Leistungsbilanz des Gesamtsystems in der Form der Newton-Euler-Gleichungen (s. [41], S. 94-98).

$$Q^T\left[\begin{pmatrix} M & 0 \\ 0 & J \end{pmatrix} * \begin{pmatrix} \ddot{x} \\ \dot{\omega} \end{pmatrix} + \begin{pmatrix} 0 \\ \tilde{\omega}J\omega \end{pmatrix} - \begin{pmatrix} f_a \\ m_a \end{pmatrix}\right] = 0 \tag{4.3}$$

mit

Q: Operatormatrix: $\begin{pmatrix} \dot{x} \\ \omega \end{pmatrix} =: Q \cdot \dot{q}$ $\qquad$ (4.3a)

M: Massenmatrix,

J: Trägheitstensor,

---

1)   D'Alembert: "Die Summe aller "verlorenen Kräfte" ist im Gleichgewicht." Bemerk.: als verlorene Kräfte werden jene Kräfte bezeichnet, die nicht zur Beschleunigung beitragen.

2)   Jourdain: "Zwangskräfte erbringen keine Leistung"

3)   zulässig heißt, daß die Geschwindigkeit mit den Bindungen des Systems verträglich ist

ω: Winkelgeschwindigkeiten der Teilkörper,

ϖ: Rechengröße zur Darstellung des Vektorprodukts in Matrix-
schreibweise,

f_a,

m_a : aktive äußere Kräfte und Momente,

Diese stellen ein Gleichungssystem von f Differentialgleichungen 2. Ordnung dar, wobei f der Anzahl der Freiheitsgrade des MKS entspricht.

b)   "analytische Methode" nach Lagrange

Der analytischen Methode nach Lagrange geht eine Untersuchung des Energiehaushalts des Systems voraus. Je nach verwendetem Ansatz gilt es, die kinetischen Energien T_i, oder die kinetischen und potentiellen Energien T_i beziehungsweise V_i der Teilkörper zu formulieren. Nach Ableitung dieses Gleichungssystems nach der Zeit, den generalisierten Koordinaten und deren Ableitung gemäß

$$\left[\frac{d}{dt}\left(\frac{\partial T}{\partial \dot{q}} \right) - \left(\frac{\partial T}{\partial q} \right) \right]^{T} = F_K \tag{4.4}$$

oder

$$\left[\frac{d}{dt}\left(\frac{\partial L^*}{\partial \dot{q}} \right) - \left(\frac{\partial L^*}{\partial q} \right) \right]^{T} = F_{NK}, \quad \text{mit } L^* = T - V \tag{4.5}$$

erhält man den generalisierten Kraftvektor F_K, dessen Komponenten eine Projektion der Kräfte in Richtung der jeweiligen verallgemeinerten Koordinaten darstellen. Der generalisierte Kraftvektor F_K entspricht dabei genau dem Ausdruck

$$Q^{T} \cdot \begin{pmatrix} f_a \\ m_a \end{pmatrix}$$

von Gl. (4.3)

Die so generierten Bewegungsgleichungen stellen wiederum ein Differentialgleichungssystem minimalen Umfangs dar. Die Anzahl der Gleichungen entspricht wie oben der Anzahl der Freiheitsgrade des Systems.

Die beiden hier vorgestellten Methoden mögen zwar auf völlig verschiedenen Ansätzen beruhen; die durch sie repräsentierten Bewegungsgleichungen sind jedoch in ihrer Form von der gewählten Methode unabhängig und entsprechen einander.

Da zur geregelten Bewegung eines Roboters nicht die Schwerpunkts- und Winkelgeschwindigkeiten der einzelnen Armelemente sondern die Achswerte und -geschwindigkeiten benötigt werden, transformiert man die Bewegungsgleichung (4.3) in die Achswinkelebene. Die wirkenden Kräfte lassen sich dann direkt als auf die Gelenke wirkende Belastungen (z.B. Reibkräfte, Antriebsmomente) interpretieren. Gl. (4.3) kann nach der Transformation in der Form

$$M \cdot \ddot{q} = F \qquad\qquad\qquad (4.6)$$

verwendet werden. Der obere Teil der partitionierbaren Matrix Q^T aus Gl. (4.3) wurde hier der Einfachheit halber in die Massenmatrix M und den Vektor der aktiven Belastungen einbezogen. Die vorkommenden Kräfte F lassen sich in einen bekannten und einen unbekannten Anteil aufspalten. Zum bekannten Teil gehören beispielsweise die Reibungs- ($D*\dot{q}$) oder die Gewichtskräfte ($G(q)$), zum unbekannten Anteil zählen je nach Aufgabenstellung z.B. die zeitabhängigen Stellkräfte. In der Regel läßt sich die dynamische Gleichung eines Roboters dann in der Form

$$M \cdot \ddot{q} + D \cdot \dot{q} + K(q, \dot{q}) = F(t) \qquad\qquad (4.7)$$

mit

M: Massenmatrix,

D: Dämpfungsmatrix,

K: von Lage und Geschwindigkeit abhängige innere Kräfte (Gewicht, Corioliskraft, Zentrifugalkraft, Bindungskräfte),

F: äußere, zeitabhängige Kräfte

anschreiben.

4.2.3. Auswertung der Bewegungsgleichungen

Eine Auswertung des Gleichungssystems kann prinzipiell auf zwei verschiedene Arten erfolgen:

a) <u>Bestimmung der Bahn bei gegebenen Kräften und Momenten</u>

Sind die äußeren Belastungen bekannt, so liegt ein eindeutig lösbares Anfangswertproblem für q(t) vor. Bei der komplexen Kinematik von Robotern gibt es hierfür keine explizite Lösung. Zur numerischen Lösung bieten sich Standardroutinen aus Programm-Bibliotheken an. Darüber hinaus existieren aber auch sehr effiziente Algorithmen, die eine Auflösung der Gleichungen nach q(t) erlauben [96].

b) <u>Bestimmung der Stellkräfte, -momente bei vorgegebener Bahn</u>

Die zweite Art der Auswertung ist einfacher, da bei vorgegebenem Verlauf q(t) auch die Ableitungen $\dot{q}(t)$ und $\ddot{q}(t)$ bekannt sind. Aus Gl. (4.3) lassen sich dann die als unbekannt vorausgesetzten Stellgrößen berechnen.

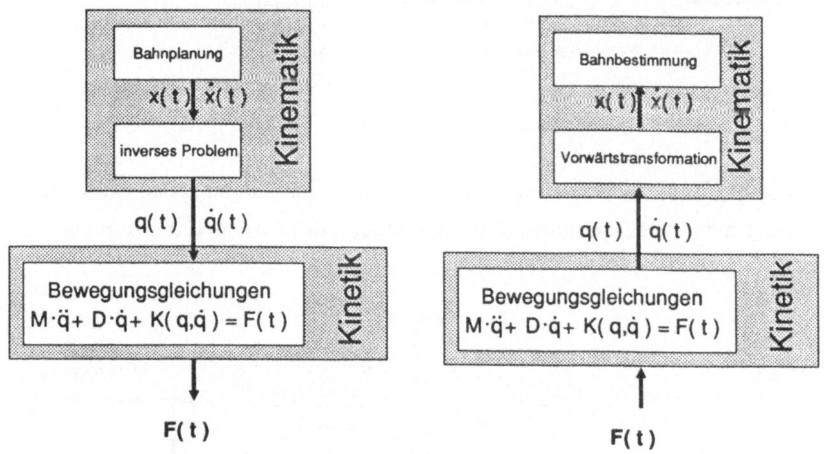

Abb.4.1:   Lösungsmöglichkeiten der Bewegungsgleichung

Mit einem auszuwählenden Dynamikprogramm müssen beide Problemstellungen ohne allzu detaillierte Kenntnis der Kinetik lösbar sein. Für den Einsatz bei der Robotersimulation wird die Problemstellung b) im Vordergrund stehen, da, angelehnt an den realen Roboter, von der Bahnplanung eine Bewegung vorgegeben wird, die mit geeigneten Regelalgorithmen einzuhalten ist. Interessierende Größen sind dabei die erforderlichen Stellkräfte und die Abweichungen von der Sollbahn.

4.3. Regelungstechnische Grundlagen

In der Regelungstechnik werden technische (Teil-)Systeme mit Hilfe von Übertragungsgliedern dargestellt. Das typische Systemverhalten bei verschiedenartigen Anregungen wird mit der sogenannten Übertragungsfunktion F beschrieben, die durch den Quotienten aus Ausgangs- zu Eingangssignal gebildet wird.

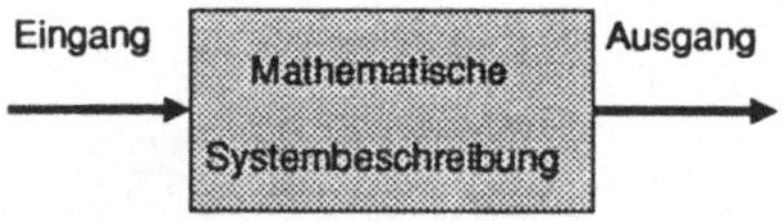

$$F = \frac{Ausgangssignal}{Eingangssignal} \qquad (4.8)$$

Abb. 4.2: Übertragungsglied

Durch die Aneinanderreihung von Übertragungsgliedern einzelner Subsysteme gelangt man zum regelungstechnischen Modell des Gesamtsystems, wobei das

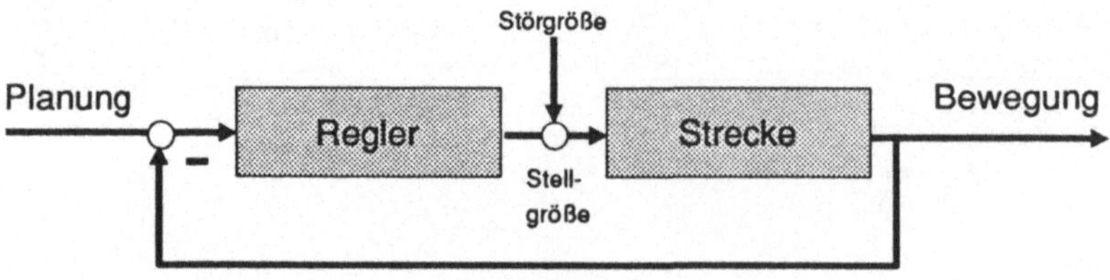

Abb. 4.3: Einfacher Lageregelkreis

zu regelnde System als Strecke bezeichnet wird. Betrachtet man einen Industrieroboter als regelungstechnische Strecke, so läßt sich dem Eingang ein
Antriebsmoment und dem Ausgang die sich einstellende Systembeschleuni-
gung zuordnen. Der mathematische Zusammenhang zwischen Bewegung und
Antriebsmoment, also die Übertragungsfunktion, kann durch die Bewegungs-

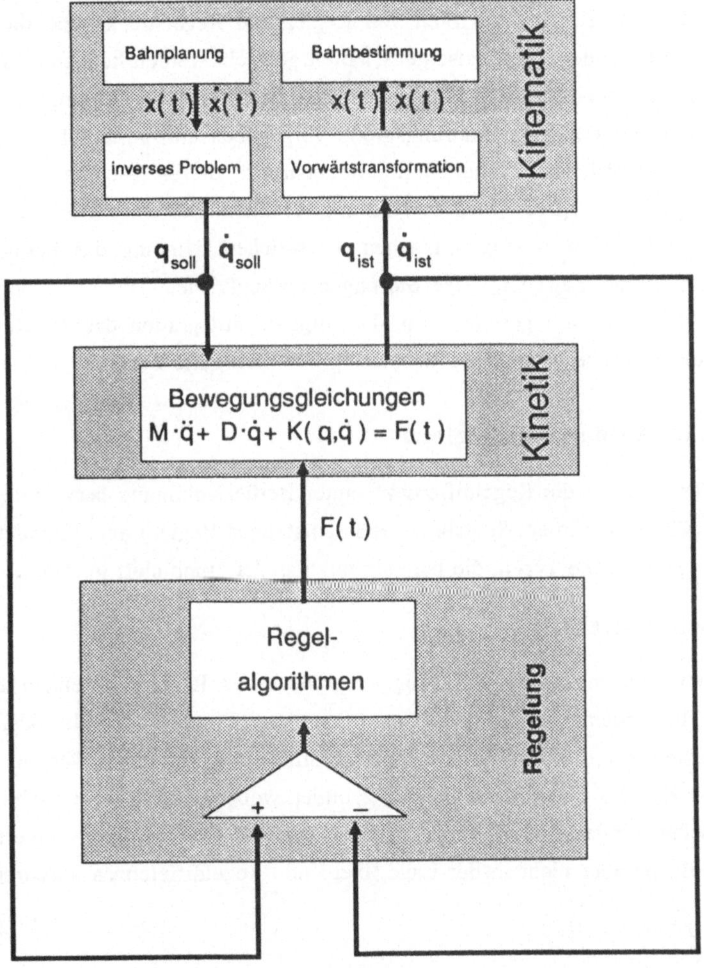

Abb. 4.4: Einbeziehung von Regelalgorithmen in das mechanische Modell

gleichungen beschrieben werden, ist aber der Steuerung nicht bekannt. Eine gezielte Beeinflussung der sich einstellenden Bewegung erreicht man daher erst, indem die Differenz von Soll- und Istwert der Regelgröße in geeigneter Weise aufbereitet wird und als neue Stellgröße auf die Strecke wirkt.

Die Regelungstechnik stellt Verfahren zur Verfügung, mit deren Hilfe Aussagen über das Zusammenwirken von Regler und Regelstrecke und die sich daraus ergebenden Stabilitätseigenschaften gemacht werden können. Man unterscheidet dabei zwischen Führungsfall und Störfall. Beim Führungsfall wird eine ggf. zeitabhängige Führungsgröße vorgegeben und anschließend untersucht, mit welchem Verhalten die Regelstrecke dieser Vorgabe zu folgen vermag. Die Störgröße wird zu Null angenommen. Bei einer Störgrößenvorgabe lassen sich Aussagen machen, in welchem Umfang das betrachtete System in der Lage ist, diese Störungen auszugleichen. Die Führungsgröße wird dabei zu Null gesetzt. Abb. 4.4 zeigt die Integration der Regelung in das mechanische Modell zur Ermittlung der Stellkräfte F(t).

4.3.1. Aufbau von Reglern

Regler wandeln die Regeldifferenz[1] unter Berücksichtigung bestimmter Gesetzmäßigkeiten in ein Stellsignal. Bei den stetigen Reglern unterscheidet man drei verschiedene Typen, die beliebig miteinander kombiniert werden können:

<u>Proportionalregler:</u>

Stehen Ausgangsgröße und Eingangsgröße eines Reglers in einem festen Verhältnis zueinander, so spricht man von einem Proportionalregler oder kurz P-Regler. Durch Multiplikation der Regeldifferenz x_d mit einem Verstärkungsfaktor K_p wird ein neues Stellsignal gebildet, wobei keine Phasenverschiebung zwischen Eingangs- und Ausgangssignal entsteht. Der P-Regler reagiert sehr schnell, ist aber nicht in der Lage, bleibende Regeldifferenzen auszuregeln.

$$y(t) = K_p \cdot x_d(t) \tag{4.9}$$

---

1)   Differenz zwischen Sollwert und Istwert

Integralregler:

Bei diesem Reglerbaustein sind Ein- und Ausgangssignal durch eine Integration miteinander verbunden.

$$y(t) = K_i \int x_d(t)\, dt \tag{4.10}$$

Der Integralregler (I-Regler) reagiert langsamer als ein P-Regler, ist aber in der Lage, bleibende Regeldifferenzen auszuregeln. Bei sinusförmiger Anregung ist sein Ausgangssignal, bedingt durch die Integration, um -90 ° phasenverschoben (Phasennacheilung).

Differenzierend wirkender Regler:

Das Ausgangssignal wird beim differenzierend wirkenden Regelglied (D-Regler) durch eine Differentiation des Eingangssignals erzeugt. Ideale D-Regler sind technisch nicht zu verwirklichen, da reale Vorgänge stets mit Verzögerungen verbunden sind.

$$y(t) = K_d \cdot d(x_d(t))/dt \tag{4.11}$$

Der D-Regler wirkt nur bei dynamischen Vorgängen und erzwingt bei sinusförmigen Anregungen durch die Differentiation eine Phasenvoreilung um 90 °.

Reglerkombinationen

Aus den oben beschriebenen Einzelbausteinen lassen sich nun neue Reglertypen zusammensetzen, mit denen man versucht die Vorteile der Einzelkomponenten zu vereinigen. Die allgemeinste Form ist in diesem Zusammenhang der PID-Regler, der alle drei Grundbausteine in Form einer Parallelschaltung beinhaltet.

$$y(t) = K_p \cdot x_d(t) + K_i \int x_d(t)\, dt + K_d \cdot \frac{d}{dt}(x_d(t)) \tag{4.12}$$

Mit Hilfe der Faktoren K_p, K_d und K_i lassen sich alle anderen Mischformen, wie PI- und PD-Regler, erzeugen.

4.3.2. Abtastregelung

Die zunehmende Leistungsfähigkeit digitaler Rechenanlagen ermöglicht einen
Einsatz von Mikroprozessoren in der Regelungstechnik. Besondere Vorteile
sind hier hohe Flexibilität bei verhältnismäßig geringen Kosten. Die Einführung digitaler Steuerungssysteme erfordert Regelungskonzepte, die speziell
auf eine numerische Auswertung abgestimmt sind. Die Meßwerterfassung, die
Sollwertbereitstellung und die Auswertung mit Hilfe geeigneter Algorithmen
kann aufgrund endlicher Rechenzeiten nicht kontinuierlich erfolgen, sondern
nur innerhalb bestimmter Zeitintervalle. Bei der Abtastregelung werden aus
einem kontinuierlichen Soll- bzw. Istwertverlauf diskrete Werte entnommen,
und für die Dauer eines Zeitschrittes als konstant angenommen. Die Regelungsalgorithmen müssen aus den kontinuierlichen Verfahren abgeleitet werden, was beispielsweise zum PID-Stellungsalgorithmus [7,19,41,73] führt. Bei
der Rechnersimulation kann systembedingt nur eine Abtastregelung eingesetzt
werde. Durch sehr kurze Abtastintervalle kann näherungsweise ein analoges
Verhalten nachgebildet werden, wobei sich jedoch bei zu kurzen Zeiten numerische Probleme häufen. Die theoretischen Verfahren zur Stabilitätsunter-
suchung digitaler Regelkreise können aus [19,41,73] entnommen werden.

4.3.3. Regelungskonzepte für Roboter

Die Regelung heute üblicher Industrieroboter erfolgt im allgemeinen über eine
Mehrgrößenregelung, die aus einer inkrementalen Positionsregelung, einer
analogen Geschwindigkeitregelung und einer unterlagerten Stromregelung besteht. Die einzelnen Stellgrößen sind dabei auf bestimmte Maximalwerte wie
Höchstdrehzahl oder einen Winkelanschlag begrenzt, was eine zusätzliche
Nichtlinearität in den Regelkreis einbringt. Die überwiegende Anzahl der heute
verwendeten Steuerungen ist aus PID-Reglern zusammengesetzt [7,19]. Die
verwendeten Steuerungskonzepte gehen dabei von einer Einachsregelung aus,
die eine gegenseitige Beeinflussung der einzelnen Achsen vernachlässigt,
beziehungsweise als externe Störgrößen betrachtet [46,62]. Die Tatsache, daß
mit diesen Vereinfachungen trotzdem sehr gute Ergebnisse erzielt werden, ist
durch die leistungsstarken Antriebssysteme und die geringe Tragkraft der

Roboter im Verhältnis zu ihrem Eigengewicht begründet. Aber auch die relativ niedrigen Verfahrgeschwindigkeiten, die bei den meisten Bewegungen auftreten, erfordern keine bessere Regelung [62]. Erst beim Einsatz von wesentlich schnelleren Robotersystemen oder deutlich höheren Belastungen, beispielsweise beim Fräsen mit einem Industrieroboter [64], können diese Regelungskonzepte nicht mehr ausreichen.

4.3.3.1. Zustandsregelung

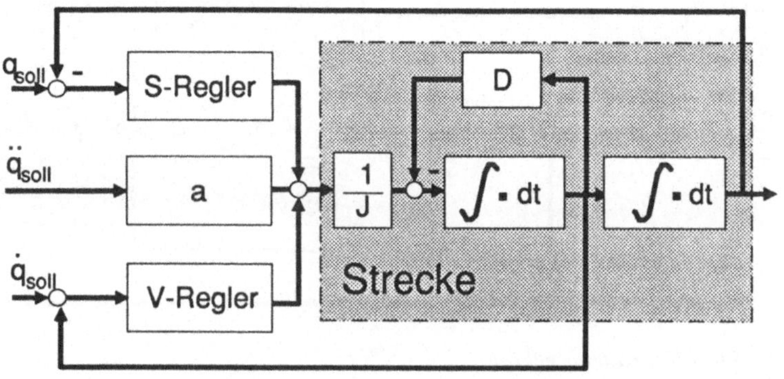

Abb. 4.5: Zustandsregelung

Die Zustandsregelung [46] ist eine Einachsregelung, die aus den Regeldifferenzen für Weg und Geschwindigkeit jeweils ein Stellmoment ermittelt, dieses dann zu den externen Störgrößen addiert und auf die Strecke wirken läßt. Eine zusätzliche Aufschaltung der Sollbeschleunigung verbessert das Führungsverhalten der Steuerung (mit dem Faktor a kann der Einfluß der aufgeschalteten Sollbeschleunigung verändert werden, s. Abb. 4.5). Die Regelstrecke wird in der Roboterdynamik durch ein mechanisches Modell beschrieben, kann aber, wie hier aufgezeigt, auch regelungstechnisch dargestellt werden. In dem Block D sind dabei alle Dämpfungseinflüsse berücksichtigt, die im allgemeinen nichtlinear in das Modell eingehen. Eine zusätzlich unterlegte Stromregelung ist zwischen Geschwindigkeitsregler und Störmomentaufschaltung einzusetzen (vgl. Abschnitt 5.4.2).

4.3.3.2. Kaskadenregelung

Im Gegensatz zur Zustandsregelung wird bei der Kaskadenregelung [46,73] zunächst der Wegdifferenzanteil über einen Regler der Geschwindigkeitsdifferenz zugeschlagen und dann im nachfolgenden Geschwindigkeitsregelglied zu einem neuen Stellmoment weiterverarbeitet (Abb. 4.6). Alle anderen Eigenschaften sind mit denen der Zustandsregelung identisch.

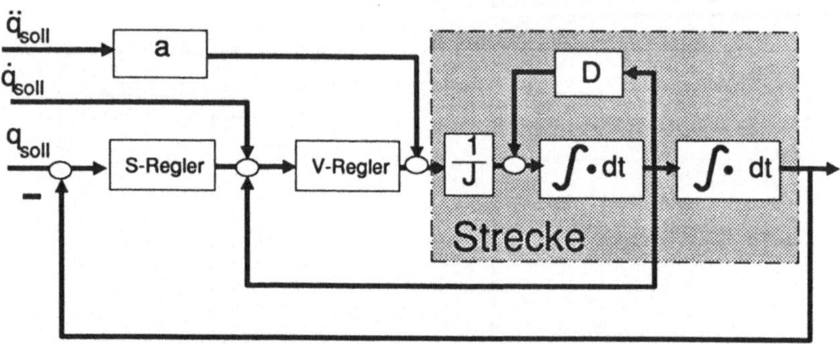

Abb. 4.6: Kaskadenregelung

4.3.3.3. Feedback-Regelung

Das Prinzip dieser Regelung beruht auf einer Entkopplung der einzelnen Achsen und gleichzeitiger Linearisierung des Robotermodells mit Hilfe eines

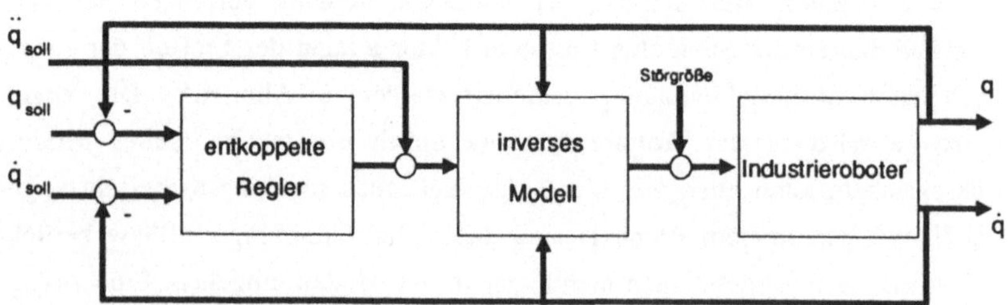

Abb.4.7: Feedback-Regelung

Referenzmodells, welches durch seine Bewegungsgleichungen (4.3) beschrieben wird. Das Referenzmodell liefert dabei die Momentenanteile des Betriebspunktes, die Abweichungen vom realen System werden als Störungen aufgefaßt. Es erfolgt praktisch nur noch eine Regelung um diesen Betriebspunkt. Da die Feedback-Regelung sehr parameterempfindlich ist, genügt hier oft schon die Berücksichtigung der Gravitationseinflüsse, um ein deutlich verbessertes Regelungsverhalten zu erreichen. Die Einbeziehung sämtlicher wirkender Momente wäre sehr rechenzeitintensiv.

4.3.3.4. Feedforward-Regelung

Die Feedforward-Regelung [46,62] basiert auf dem gleichen Verfahren wie die Feedback-Regelung. Hier wird das Antriebsmoment allerdings aus den Sollgrößen und dem Systemmodell ermittelt und direkt zu dem sich aus der Regeldifferenz ergebenden Moment addiert (Abb. 4.8).

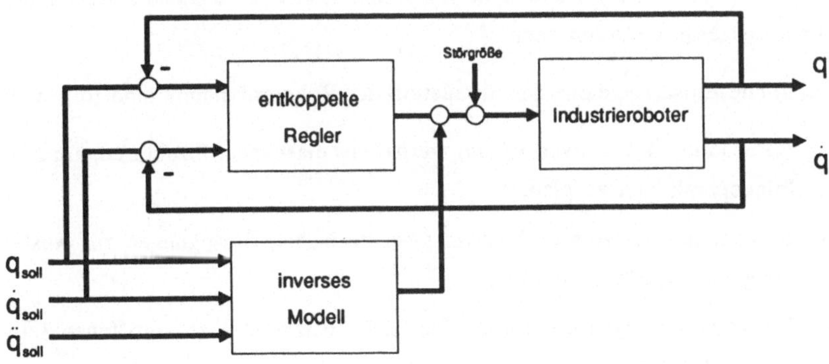

Abb. 4.8: Feedforward-Regelung

4.3.3.5. Folgerungen

Aufgrund des geringen Rechenaufwandes und der relativ einfachen Realisierung wird bei Industrierobotern üblicherweise eine Zustands- oder Kaskadenregelung eingesetzt. Sowohl die Feedback- als auch die Feedforward-Regelung sind für normale Anwendungsfälle zu aufwendig und aufgrund der leistungsfähigen Achsantriebe auch nicht nötig. Für die Simulation der Roboterdynamik bedeutet dies, daß Zustands- und Kaskadenregelung auf jeden Fall nachgebildet werden müssen, die fortgeschritteneren Regelungskonzepte können in einem späteren Entwicklungsschritt implementiert werden.

4.4. Anforderungen an ein Programm zur MKS-Simulation

Bei der Entwicklung eines Simulationssystems muß der Aufwand für die Modellierung gegen den Ertrag durch die Güte der Nachbildung abgeschätzt werden. Beispielsweise ist es für den Layout-Entwurf und die Taktzeitermittlung einer Roboterarbeitszelle normalerweise unerheblich ob die Bewegungen der Komponenten dynamisch durchgerechnet werden, da die Sollwerte (Weg, Geschwindigkeit) kaum von den Istwerten abweichen (s.u.). Ein Unterschied ergäbe sich nur dann, wenn die Tragkraft des Roboters bzw. das nötige Drehmoment des Antriebs nicht ausreicht und deshalb eine geplante Bewegung nicht ausgeführt werden kann.

Mögliche Einsatzbereiche der Simulation der Roboterdynamik sind folgende:

- Berechnung des Lastverformungsverhaltens elastischer Strukturen, um z.B. Fügeoperationen zu planen,

- Berechnung der Antriebsbelastung bei kritischen Bewegungen zur Auslegung von Antriebsstrukturen,

- Nachbildung physikalischer Effekte (z.B. Loslassen eines gegriffenen Teils während der Bewegung),

- Überprüfung des Bewegungsverhaltens in Grenzsituationen (z.B. Software-Anschlag, NOT-AUS-Situation),

- Optimierung des mechanischen Roboteraufbaus hinsichtlich einer Verbesserung des Bewegungsverhaltens

- Auswahl und Optimierung verschiedener Steuerungskonzepte und zugehöriger Reglerparameter,

- Abschätzen des Einflusses verschiedener physikalischer Parameter auf das Bewegungsverhalten,

- Überprüfung der Ausführbarkeit von Bewegungen.

Da verschiedene Verfahren zur Aufstellung und Lösung der Bewegungsgleichungen für komplexe Roboterkinematiken bereits existieren, soll kein eigenes Programmpaket zur MKS-Dynamiksimulation entwickelt, sondern vielmehr auf dem Markt befindliche Programme hinsichtlich ihrer Eignung zur Lösung der angesprochenen Probleme untersucht werden. Desweiteren soll die Integrierbarkeit dieser Programme in das vorhandene Simulationssystem überprüft und die nötigen Schnittstellen geklärt und ausprogrammiert werden.

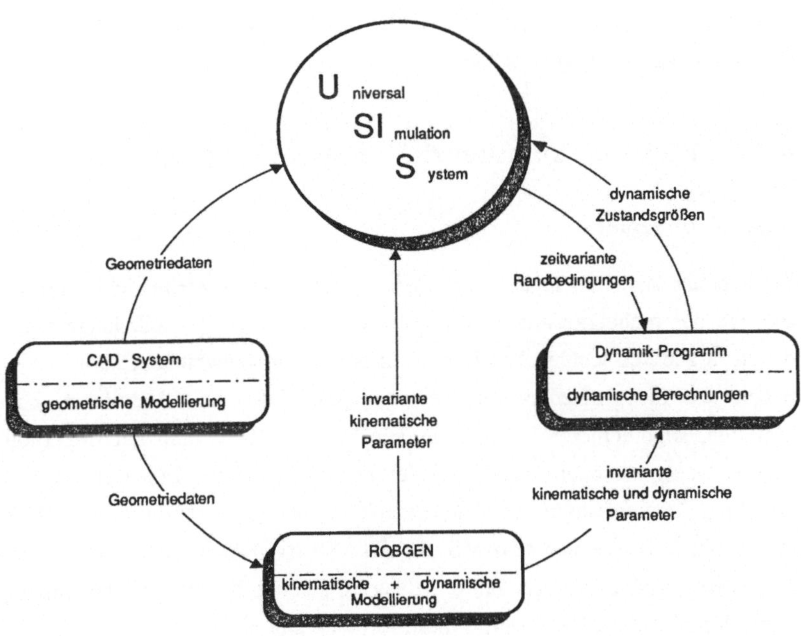

Abb. 4.9: Module zur Simulation der Dynamik von Robotern

In Abb. 4.9 ist die Verknüpfung der einzelnen Module zur Simulation der Dynamik von Robotern dargestellt. Die mit einem CAD-System konstruierten geometrischen Modelle werden zur Definition von invarianten kinematischen

(Achsanordnung, Winkelgrenzen, ...) und dynamischen (Lage der Massenmittelpunkte, Trägheitstensor, ...) Parametern an das Programm ROBGEN übergeben. Die hier definierte Kinematik kann zusammen mit der Geometrie der Einzelteile von USIS aus aufgerufen werden. Die Schnittstelle zu einem Dynamikprogramm muß so gestaltet sein, daß die in ROBGEN festgelegten Parameter möglichst ohne weitere Interaktion vom Dynamikprogramm verwendet werden können. Während der Laufzeit von USIS gehen dann zeitvariante Randbedingungen (Start- und Endwerte der Achswinkel, Bahnplanungswerte, aktuelle Belastung, ...) in die Berechnung der Dynamik ein. Die ermittelten dynamischen Zustandsgrößen (Winkelverläufe, Geschwindigkeitsverläufe, ...) werden anschließend wieder mit USIS als Animation dargestellt oder als Diagramme ausgegeben.

4.5.   Eignung kommerzieller Dynamikprogramme

4.5.1. Übersicht

Trotz erster Arbeiten in den sechziger Jahren, lagen die Entwicklungen im Bereich der rechnergestützten Analyse der Mehrkörperdynamik lange hinter denen in anderen technischen Bereichen der Rechneranwendung zurück. Die, neben den für großtechnische Anwendungen (Luft- und Raumfahrt) konzipierten, allgemeineren Programme, wie DAMN (1971) oder DRAM (1969) fanden wenig Resonanz außerhalb der Forschungslabors. Erst mit der Entwicklung leistungsstarker, zur Untersuchung beliebiger Mehrkörpersysteme geeigneter Software wie ADAMS, SD-EXAKT, NEWEUL oder MESA-VERDE zu Beginn der achtziger Jahre, gelang es, auch in die gewerbliche Nutzung vorzudringen. Begünstigt wurde diese Entwicklung auch durch die Preis- und Leistungsentwicklung der Rechner-Hardware, da das rechenzeitintensive Generieren und Lösen der Bewegungsgleichungen nur auf leistungsfähigen Rechnern sinnvoll zu realisieren ist.

Die folgende Vorstellung und Beurteilung von Software-Paketen zur Simulation der Mehrkörperdynamik stellt in Kurzbeschreibungen die Charakteristika aktueller Programme zusammen. Diese Übersicht kann jedoch nur eingeschränkt als "state-of-the-art"-Darstellung der Dynamiksimulationstechnik gelten, da bei einigen dieser Programme, wie zum Beispiel SD-EXAKT[1], IMP-84[2] oder ROSI[3] keine Unterlagen der Hersteller zur Verfügung standen und die Informationen aus Veröffentlichungen nicht für eine differenziertere Beurteilung ausreichten.

4.5.2. Vergleich einiger programmtechnischer Aspekte

Maßgebliche Kriterien zur Beurteilung der Eignung eines Programmes sind:

- die Unterstützung des vorhandenen Betriebssystems (VAX/VMS),

- die Handhabung, Transparenz und Integrationsmöglichkeiten (Bereitstellung von Schnittstellen, Definition eines Ausgabeformates),

- die verwendeten Formalismen zur Erzeugung der Bewegungsgleichungen (Berechnung "großer" Bewegungen möglich, oder nur "kleine" Auslenkungen um eine Nullage),

- die zur Verfügung gestellten Integrationsroutinen,

- die Möglichkeit, vordefinierte Reglerstrukturen zu verwenden bzw. selbst zu definieren, sowie aus der Datenorganisation und den verwendeten Formalismen abgeleitet,

- die Rechengeschwindigkeit des Programmes.

Wichtig für eine Akzeptanz ist, dem Benutzer ohne allzu detaillierte Kenntnis der verwandten Formalismen einen schnellen Zugang zum Programm zu ermöglichen. Hierzu bietet sich die dialogorientierte Arbeitsweise an, die den Anwender, durch Hilfstexte unterstützt, durch das Programm führt. Der Vorteil einer fileorientierten Eingabe dagegen besteht darin ähnliche Modellteile durch Kopieren und Modifizieren schneller beschreiben zu können. Eine sinnvolle Unterstützung der Eingabe stellt die grafische Abbildung des Modells dar: Modellierungsfehler sind ohne Rechenlauf sofort auf dem Monitor ersichtlich.

---

1)   eingetragenes Warenzeichen der Fa. Symbolic Dynamics, Inc., Mountain View, USA

2)   entwickelt von Prof. J.J. Uicker, University of Wisconsin, Wisconsin, USA, [78]

3)   eingetragenes Warenzeichen der Fa. Cambridge Control, Cambridge, GB, [57]

Wichtiger Bestandteil einer Modellanalyse ist die grafische Aufarbeitung der berechneten Größen. Um einen hohen Grad an Anschaulichkeit zu erzielen, sollte neben der Darstellung in Form von XY-Plots, eine Animation des Modells auf dem Bildschirm möglich sein. Dies ist bei den meisten aktuellen Programmen entweder durch eigene Postprozessoren, oder bei den sogenannten "offenen" Programmen durch Schnittstellen zu speziellen Simulationspaketen gegeben. Leistungsfähige Simulationssoftware wie zum Beispiel ACSL bietet neben der Grafik auch Integrationsroutinen, sowie Reglerbibliotheken und baukastenartige "Superelemente". Im vorliegenden Fall soll das Simulationssystem USIS quasi als Postprozessor für die Darstellung der dynamischen Zustandsgrößen eingesetzt werden.

Die mechanischen Formalismen zur Erzeugung der Bewegungsgleichungen sind im wesentlichen:

- die Lagrange'schen Gleichungen,

- die Newton/Eulerschen Gleichungen,

- das Verfahren von Kane [102],

- sowie der auf die Newton/Eulerschen Gleichungen aufbauende Roberson/Wittenburg-Formalismus.

Den effizientesten Formalismus zur Generierung der Bewegungsgleichungen stellt das Verfahren nach Kane dar. Bei diesem Verfahren handelt es sich um einen rekursiven Algorithmus, der direkt zu den Eulerschen Bewegungsgleichungen führt. Im Vergleich mit dem rekursiven Newton/Euler-Verfahren ergab sich ein Zeitvorteil der Methode von Kane um den Faktor 1.5 [102]. Dieser Formalismus wurde erstmals im Programm SD-EXAKT verwendet. Das Verfahren nach Kane erstellt zwar sehr effiziente Gleichungen, fordert aber auch einen gewissen Einblick in die dynamischen Zusammenhänge. Letzteres gilt auch für den Roberson/Wittenburg-Algorithmus - wie in MESA-VERDE realisiert -, der eine relativ unhandliche Eingabe mit sich bringt. Bezüglich des internen Aufbaus unterscheidet man in symbolische, halbsymbolische[1] und numerische Generierung der Bewegungsgleichungen. Der Unterschied zwischen numerischer und symbolischer Generierung besteht darin, daß im ersten Fall für jeden Zeitschritt die Bewegungsgleichungen neu zu erstellen sind, indem eine große Menge an Elementen in die Systemmatrix einzulesen und abzuspeichern ist. Bei symbolischer Darstellung dagegen werden die Bewegungsgleichungen einmal erzeugt und für jeden Zeitschritt neu gelöst. Da die zur Integration der Gleichungen benötigte Rechenzeit wesentlich geringer ist, als nach dem numerischen Verfahren, bietet sich diese Methode besonders für Parameter-Studien an. Ein weiterer Vorteil besteht darin, daß für identische Modellstrukturen, aber abweichende Geometrie- und Masse-, beziehungsweise Trägheitsdaten die Bewegungsgleichungen nur einmal erzeugt und dann für veränderte Datensätze jeweils neu gelöst werden müssen. Einen Nachteil des symbolischen Verfahrens stellt der relativ hohe Hauptspeicherbedarf dar, was insbesondere für umfangreiche Modelle bedeutsam werden kann.

Bei linearen Bewegungsgleichungen ist kein Rechenzeitvorteil der symbolischen gegenüber der numerischen Methode erkennbar, da hier die Systemmatrizen konstant sind und somit nur einmal berechnet werden müssen [77].

Mit Ausnahme des Programms ADAMS stellen alle aktuellen Programme die Bewegungsgleichungen in reduzierter Form, d.h. als Funktion der Zustandsvariablen dar. Ein Rechenzeitvergleich von ADAMS mit dem jedoch veralteten Programm MULTIBODY zeigt keine wesentlichen Unterschiede der reduzierten gegenüber der nichtreduzierten Form bezüglich der Integrationszeiten [77]. Bei einer Lösung des nichtreduzierten Gleichungsystems werden jedoch gleichzeitig die Zwangskräfte mitberechnet.

Zur Integration der Bewegungsgleichungen greifen die meisten Programme auf standardisierte Integrationsroutinen, wie den ADAMS-MOULTON- oder GEAR-Algorithmus, beziehungsweise modifizierte RUNGE-KUTTA-Verfahren zurück, so daß Rechenzeitvorteile eher aus abweichenden Verfahren bei

---

1) NUBEMM erzeugt z.B. lediglich die Zwangskraftgleichungen in symbolischer Form. Die linearisierten Bewegungsgleichungen werden numerisch berechnet.

der Aufstellung der Differentialgleichungen, als bei deren Integration abzuleiten sind.

4.5.3. Zusammenfassende Bewertung

Es wurden verschiedene Computerprogramme zur dynamischen Mehrkörpersimulation untersucht (s. Tab. 4.1). Fünf dieser Programme handhaben große dreidimensionale Bewegungen von MKS mit Baumtopologie, wie sie bei Roboteruntersuchungen gegeben sind. Dies sind die Programme:

- ADAMS,

- DADS,

- MESA-VERDE,

- NEWEUL und

- SD-EXAKT.

Der Leistungsumfang aller fünf Software-Pakete bietet für die geplanten Dynamikuntersuchungen ausreichende Modellierungs- und Untersuchungsmöglichkeiten. Darüber hinausgehend unterscheiden sie sich in erster Linie durch integrierte oder optionale Werkzeuge zur Betrachtung des Steuerungs- und Regelungsverhaltens, des elastischen Verhaltens mittels Finiter-Element-Methoden sowie hinsichtlich des Handhabungskomforts und der Benutzerführung.

Da es sich bei den zu simulierenden Robotern um MKS ähnlicher Topologie handelt, bieten sich jene Programmsysteme an, die die Bewegungsgleichungen in symbolischer Form erstellen, da hier die Bewegungsgleichungen durch Parameteränderungen, ohne neuerlichen Generierungslauf schnell modifiziert werden können. Hinzu kommt der Rechenzeitvorteil bei der Lösung symbolischer Differentialgleichungen. Die gegenüber dem numerischen Verfahren größere Rechenzeit zur Generierung der Bewegungsgleichungen ist von sekundärem Interesse, da dies für eine Klasse von Robotern nur einmal erfolgen muß. Zum Zeitpunkt des Beginns der Arbeiten war jedoch ADAMS eines der am weitesten fortgeschrittenen Systeme mit dem größten Leistungsumfang

	Programm (Entwicklung seit)									
	ADAMS (1983)	DADS (1985)	DAMN (1971)	MEDYNA (1984)	MESA-VERDE (1983)	MICRAS (1985)	NEWEUL (1979)	NUBEMM (1985)	ROSI (1986)	SD-EX-AKT (1983)
Sprache	Fortran	Fortran		Fortran	Pascal	Basic	Fortran	Fortran	C	Pascal
Gener. der BGL [1]	N	N	N	N	S	N	S	N	N	S
Lsg. der BGL [1]	N	N		N		N			N	S
mech. Formalismus [2]	L	L			R		N	N		K
Modellstruktur [3]	B/G, 3D	B/G, 3D	B, 2D	B/G, 3D	B/G, 3D	B, 3D	B/G, 3D	B/G, 3D	B, 3D	B/(G), 3D
Bahnauslenkung	groß	groß	groß	klein	groß	groß	groß	klein	groß	groß
flexible Körper	optional	optional		ja						
Analysearten [4]	KSD	KSDI	KSDI	SD	KSDI	KDI	KDI	DS		
Regelung	Benutzer	auto		auto	Benutzer		Benutzer		Benutzer	
Postprozessor [5]	PDA	PDA	PD	PDA		P				
lauffähig unter VMS	ja	ja	nein	ja	ja	nein	ja	nein	ja	ja

Abkürzungen:

1) Numerisch / Symbolisch

2) Lagrange / Newton - Euler / Roberson - Wittenburg / Kane

3) Baum / Geschlossen, 2D / 3D

4) Kinematisch / Statisch / Dynamisch / Invers

5) Plot / Diagramme / Animation

Tab. 4.1: Charakteristika einiger Programme zur MKS-Simulation (s. auch [22], S. 28)

und der besten Benutzerunterstützung so daß die Entscheidung zugunsten dieses Programmsystems getroffen wurde.

4.6. Leistungsumfang des Dynamikprogramms ADAMS

4.6.1. ADAMS-Kurzbeschreibung

ADAMS ist ein Programm-Paket zur Simulation der nichtlinearen Dynamik beliebig konfigurierter Mehrkörpersysteme. Die Bewegungsgleichungen großer drei-dimensionaler Systembewegungen werden numerisch erzeugt und gelöst. Ebenso können für kleine Auslenkungen die linearisierten Bewegungsgleichungen beschrieben werden. Die einzelnen Baugruppen können sich sowohl aus geschlossenen - jedoch nur, wenn die Zwangsbedingungen linear unabhängig sind [36] -, als auch aus offenen Strukturen zusammensetzen.

Das Programm wurde 1973 im Rahmen einer Promotion von N. Orlandea bei Mechanical Dynamics, Inc. fertiggestellt [9]. Es baut in wesentlichen Punkten auf die im gleichen Unternehmen entwickelten, jedoch zwei-dimensionalen Programme **DRAM** (1969) beziehungsweise **DAMN** (1971) auf (vgl. [9]).

4.6.2. Modellierung des Mehrkörpersystems

Elemente zur Modellierung der Körperstruktur sind ideale, masselose Gelenke, starre Teilkörper, Massenpunkte und masselose Kraftelemente. Die Daten, mit dem die Struktur eines MKS beschrieben wird, erfolgt in einer Eingabedatei. Eingabedaten sind Masse und Trägheit der Körper, Gelenkarten, Kräfte und Momente, sowie evtl. vorgegebene Initialorientierungen und -bewegungen einzelner Teilkörper.

Für die Formulierung von Zwangsbedingungen bestehen verschiedene Optionen. Sie können entweder als vordefinierte Gelenke aus einer umfangreichen Gelenk-Bibliothek aufgerufen werden, oder als sogenannte "joint primitives" (benutzer-definierte Kombinationen aus translatorischen und rotatorischen

Bindungen) vom Benutzer eingebunden werden. Zusätzlich können nicht-holonome Bindungen durch eigene FORTRAN-Routinen beschrieben werden.

Die o.a. Bewegungen einzelner Teilkörper oder Gelenke - "MOTION" genannt - werden entweder aus einer Bibliothek gewählt oder über FORTRAN-Routinen definiert. Gleiches gilt für die Kraftelemente.

Über die in den Ausgabe-Files abgelegten Werte hinausgehende Ausgabegrößen, können vom Benutzer in der Eingabedatei über sogenannte "REQUEST/MREQUEST"-Abfragen festgelegt werden. Als "REQUEST/MREQUEST"-Größen können die Lage-, Geschwindigkeits-, Beschleunigungs- und Kraftvektoren aller durch Koordinatensysteme, sogenannter "MARKER", festgelegten Körperpunkte ausgegeben werden. Zusätzliche Größen können durch Benutzer-Routinen ermittelt und in einem gemeinsamen Output-File mit den "REQUEST"-Daten ausgegeben werden.

ADAMS verwendet drei Arten von Referenzsystemen zur Beschreibung von Konfiguration und Geometrie des MKS: Ein raumfestes Bezugssystem, eine beliebige Anzahl von bewegten Koordinatensystemen in den Schwerpunkten der einzelnen Teilkörper und durch "MARKER" vereinbarte, frei wählbare, körperfeste Referenzsysteme. Alle drei sind karthesische Rechts-Hand-Systeme. Die Verschiebungen und Rotationen der Körper werden im Inertialsystem notiert. Dies macht ADAMS in erster Linie für raumfeste (wie zum Beispiel Industrieroboter) oder mit kleinen Basisauslenkungen bewegte Mehrkörpersysteme geeignet. Bei Fahrzeugsystemen mit großen Basisauslenkungen bei gleichzeitig geringen Verschiebungen/Rotationen der Teilkörper kann dies jedoch zu numerischen Problemen führen.

Durch die Verwendung der Schlüsselwörter läßt sich die Eingabe gut strukturieren und bleibt somit besonders kompakt und übersichtlich.

4.6.3. Berechnungsmethoden

Nach Beendigung der Eingabe wird das Input-File von ADAMS in der ersten Phase auf Korrektheit der Syntax und anschließend auf Verträglichkeit der Daten mit dem modellierten System überprüft. Die Interpretationsphase endet mit der Ermittlung der Systemfreiheitsgrade, von denen der Verlauf der weiteren Berechnung abhängt. Zur Bewegungssimulation stehen dem Benutzer vier Verfahren zur Verfügung. Die kineto-statische Simulation findet bei Systemen mit dem Freiheitsgrad Null Anwendung, die transiente Simulation (dynamisch, quasistatisch oder statisch) bei statisch unbestimmten Systemen (ein oder mehr Freiheitsgrade). Statische Überbestimmtheit kann von ADAMS nicht gehandhabt werden.

a)   **kineto-statisch:** bei statischer Bestimmtheit des Systems (DOF 0) entfällt das zweite Newton'sche Gesetz zur Bestimmung der Bewegung. Lage, Geschwindigkeit, Beschleunigung und Reaktionskräfte ermittelt man aus den Zwangsbedingungen. Da ADAMS hierbei keine DGLn löst, sind die Matrizen entsprechend kleiner als bei transienter Berechnung was eine verringerte Rechenzeit und exaktere Ergebnisse zur Folge hat.

b)   **dynamisch:** wird angewendet bei einem oder mehreren Freiheitsgrad(en). Zur numerischen Integration stehen 3 Algorithmen zur Verfügung die alle die "sparse-matrix-method" verwenden, was die Rechenzeit so verkürzt, daß die Jobs häufig interaktiv laufen können.

c)   **quasi-statisch:** wird benutzt bei Systemen mit einem oder mehreren Freiheitsgraden; in jedem Zeitschritt wird eine quasistatische Gleichgewichtslage unter Vernachlässigung von Geschwindigkeits- und Beschleunigungseffekten berechnet.

d)   **statisch:** wird gerechnet bei Systemen mit einem oder mehreren Freiheitsgraden. Das System muß mindestens eine Gleichgewichtslage haben. ADAMS konvergiert bei mehreren Gleichgewichtslagen zu der am nächsten zum Startpunkt gelegenen.

Bedingt durch die Formulierung der Verschiebungen und Rotationen in Koordinaten des raumfesten Bezugssystems hat ADAMS jeweils einen Satz von 15 Differentialgleichungen, zuzüglich der Anzahl der Zwangsbedingungen, zu generieren und lösen.

Die Bewegungsgleichungen werden numerisch nach der Methode von Lagrange generiert und wahlweise durch einen der beiden angebotenen Integrations-Algorithmen (GEAR- oder ADAMS-MOULTON-Algorithmus) gelöst. Vom Programm voreingestellt ist der GEAR-Algorithmus mit konstanter Schrittweite, da dieser auch Stoß-Effekte berücksichtigt.

Stellt ADAMS während der Integration Singularitäten fest, so verzweigt es entsprechend der Art der Singularität:

- eine **strukturelle Singularität** (Klemme, Sperre) führt zum Abbruch; bei einer

- **numerischen Singularität** wird versucht durch eine veränderte Zerlegung der Jakobi-Matrix ein sinnvolles Ergebnis zu erreichen.

4.6.4. Ergebnisdarstellung

Prinzipiell können von ADAMS nur Verschiebungen, Geschwindigkeiten, Beschleunigungen und Kräfte/Momente zwischen zwei beliebig definierten Markern ausgegeben werden. Das entsprechende Bezugssystem ist mit Hilfe eines Relativ-MARKERs frei wählbar. Die Ergebnisausgabe erfolgt in jedem Fall in eine Textdatei. Wahlweise kann zu dem tabellenförmigen und kommentiertem Ausgabeformat auch eine kompaktere Version erzeugt werden, auf die der ADAMS-Postprozessor zugreift. Reichen die Ausgabefunktionen nicht mehr aus, so läßt sich durch die Benutzerschnittstelle REQSUB eine erweiterte Ausgabe erzeugen (Abb. 4.10).

Der Postprozessor wird zur graphischen Darstellung der Simulationsergebnisse benutzt. Neben der Möglichkeit Kurvenverläufe über der Zeit in Form von zweidimensionalen Plots zu erzeugen, können auch Animationen auf einem geeigneten Bildschirm durchgeführt werden. Hierzu sind im ADAMS-Eingabefile entsprechende Graphikkommandos vorzusehen, die das Anlegen einer Datei mit Geometrieinformationen bewirken.

Nach erfolgter Simulationsrechnung lassen sich diese Geometrieen visualisieren und nach den Simulationsergebnissen bewegen. Funktionen zur Blickwin-

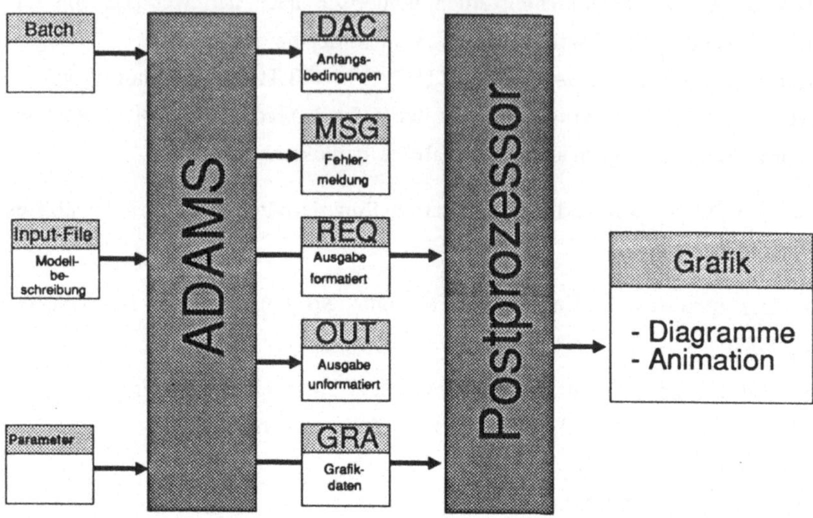

Abb. 4.10: ADAMS-Schnittstellen des Standard-Pakets

kelwahl und Auschnittsvergrößerung gehören ebenso zum Funktionsumfang, wie die Möglichkeit einzelne MARKER oder JOINTs graphisch darzustellen.

4.6.5. Benutzerschnittstellen

Alle nicht mehr mit den Standardfunktionen beschreibbaren Vorgänge können mit Hilfe der "User-Written-Functions" behandelt werden. Bei der ADAMS-Ausgangsversion handelt es sich um Dummy-Prozeduren, die während der Simulationsrechnung in unterschiedlichen Zeitabständen aufgerufen werden. Wurden keine eigenen Funktionen definiert, bleibt dieser Aufruf ohne Folgen, ansonsten werden die gewünschten Berechnungen durchgeführt. Abb. 4.11 zeigt schematisch das Programmpaket ADAMS und die drei für die Roboter-simulation sinnvollen Benutzerschnittstellen SFOSUB, REQSUB und MOT-SUB. SFOSUB bzw. MOTSUB können entsprechend der in Kap. 4.2.3 be-schriebenen Lösungsmöglichkeiten der Bewegungsgleichungen alternativ genutzt werden. Das Programm gibt auf diese Weise dem Benutzer ein Werk-zeug zur integrierten Regelung des Systems in die Hand.

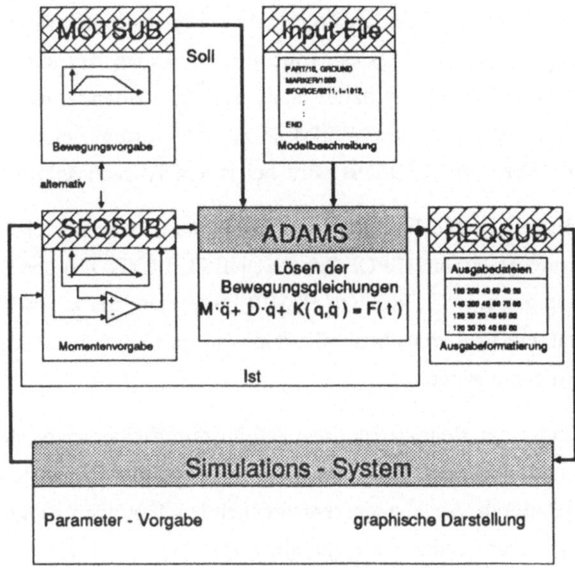

Abb. 4.11: Verwendete Benutzerschnittstellen der ADAMS-Funktionen

MOTSUB ermöglicht die Definition von Zwangsbewegungen, sofern diese nicht mehr mit den Standardfunktionen formuliert werden können. Der Aufruf erfolgt zu jedem vom Anwender definierten Abtastintervall nur einmal, wobei die neuen Verschiebungen, Geschwindigkeiten und Beschleunigungen der betroffenen Verbindung ermittelt und an das Hauptprogramm zurückgegeben werden.

SFOSUB dient zur Berechnung von Kraft- und/oder Momentenverläufen in Abhängigkeit verschiedener Systemparameter. Diese Funktion stellt in regelungstechnischer Hinsicht die Verbindung aus Regeldifferenzbildung, Regler und Stellglied dar. Sie wird innerhalb eines Abtastintervalls bei jedem von ADAMS gewählten Iterationsschritt aufgerufen, berechnet eine neue Stellkraft und läßt sie auf die Strecke wirken. ADAMS bestimmt damit die Bewegungsgrößen q_i, $\dot{q}_i$ und $\ddot{q}_i$ für den nächsten Zeitschritt. Der Anwender muß dafür sorgen, daß sich die vorgegebenen Kräfte innerhalb eines Abtastintervalls nicht ändern da sonst Konvergenzprobleme auftreten.

REQSUB erweitert die Standardausgabe um Informationen, die sich aus den Bewegungsgrößen ableiten lassen. Eine Änderung des Ausgabeformats oder die Filterung der Daten kann damit nicht erreicht werden. Unter Filterung ist in diesem Zusammenhang das Weglassen zur Auswertung unbenötigter Daten gemeint. Die Funktion REQSUB wird bei jedem Ausgabeschritt aufgerufen.

Der Formalismus solche Funktionen anzusprechen ist immer gleich, das korrespondierende Statement (SFORCE, REQUEST, MOTION) der Eingabedatei wird mit dem Zusatz "FUNCTION=USER" und einer bis zu 30 Einzelwerten langen Parameterliste versehen, die dann an das entsprechende Unterprogramm übergeben werden.

Die Einbindung der Benutzerroutinen erfolgt durch Übersetzen der einzelnen Module und durch Binden einer neuen ADAMS-Version. Die Arbeit mit einem Debugger ist durch Angabe der entsprechenden Optionen möglich und zur Entwicklung neuer Funktionen sehr hilfreich.

5 Implementierung der Dynamik in ein Robotersimulationsmodell

5.1. Eigenschaften realer Robotersysteme

5.1.1. Mechanischer Aufbau

Heute übliche Industrieroboter können weitgehend als starre Mehrkörpersysteme betrachtet werden, deren Teilkörper durch Bindungen zu einer offenen kinematischen Kette aneinandergefügt sind.

Die Bewegungen der einzelnen Roboterarme werden durch Antriebssysteme bewirkt, die aus Antriebsmotor, Wellen und Getriebestufen bestehen. Auf Grund ihrer guten Regelbarkeit haben sich Gleichstromelektromotoren als gängige Antriebselemente für Industrieroboter durchgesetzt. Sie zeichnen sich durch eine kompakte Bauform und geringes Trägheitsmoment aus. In jüngster Zeit werden jedoch zunehmend verschleißfreie Drehstrommotoren verwendet, die weniger empfindlich auf Überlastungen reagieren, über ein breiteres Drehzahlband verfügen, aber eine deutlich aufwendigere Regelung benötigen. In jedem Fall sind die Antriebsmotoren nicht in der Lage das angeforderte Drehmoment umgehend bereitzustellen, sondern benötigen auf Grund ihrer mechanischen und induktiven Trägheit gewisse Anlaufzeiten. Die Motorleistung wird über Getriebestufen zur Roboterachse übertragen, wobei neben den gängigen Zahnradgetrieben auch Zahnriemen oder Harmonic-Drive-Getriebe einen Anwendungsbereich finden. Sie bestehen im allgemeinen aus Wellen, Lagerungen und Getriebestufen, die Nichtlinearitäten ausgesetzt sind, die durch Reibungs- und Elastizitätseffekte, Fertigungsfehler, Getriebespiel und auch durch Verschleiß verursacht werden. Ein weiterer mechanischer Bestandteil eines Industrieroboters sind seine Bremsen, die eine Arretierung der einzelnen Achsen bei längeren Betriebspausen oder beim Abschalten des Systems bewirken. Weitere mechanische Komponenten, wie Greifer oder Greiferwechselsysteme sollen in der Simulation der Roboterdynamik zunächst als reine Zusatzmassen betrachtet werden.

5.1.2. Aufbau von Robotersteuerungen

Die Leistungsfähigkeit von Robotersystemen, die sich zum Beispiel durch Positioniergenauigkeit, Wiederholgenauigkeit oder maximale Verfahrgeschwindigkeit bei bestimmten Traglasten beschreiben läßt, verlangt nicht nur einen möglichst exakten und steifen mechanischen Aufbau, sondern auch eine entsprechend leistungsfähige Steuerung. Da Industrieroboter bei der Ausführung von Programmbefehlen einerseits einer großen Anzahl ständig wechselnder Einflüsse aus ihrer unmittelbaren Arbeitsumgebung ausgesetzt sind (z.B. Sensorsignalverarbeitung) und andererseits die exakten Bewegungsgleichungen und Systemparameter nicht bekannt sind, ist eine Vorausberechnung einer Bewegung und der dazu notwendigen Antriebsmomentenverläufe nicht möglich. Man verwendet daher Steuerungen, die diese Bewegungen vorher kinematisch planen und anschließend deren Durchführung überwachen und regeln. Dadurch können auch während der Befehlsausführung unerwartet auftretende Störeinflüsse kompensiert werden.

Ohne näher auf die Hardwarebestandteile einer Steuerung einzugehen, läßt sie sich in einen Planungs- und Ausführungsteil gliedern. Der Planungsteil hat die Aufgabe, einen Roboterbefehl zu interpretieren und den zeitlichen Verlauf der Bewegung (Weg/Winkel bzw. Geschwindigkeit) vorzugeben. Gängige Robotersteuerungen bieten in der Regel die zwei Möglichkeiten PTP-Bewegung und Linearbewegung an (s. Kap. 2). Der Ausführungsteil übernimmt die Istwerte der Lage, der Geschwindigkeit und des Antriebsstromes von Meßsystemen, bildet mit den Sollwerten die Regeldifferenzen und berechnet daraus ein Stellsignal für die Antriebe. Die an den Roboterantrieben angebrachten Meßaufnehmer für die Lagemessung sind meist inkrementale Winkelgeber, die auf der optischen Abtastung einer codierten Scheibe beruhen. Die Achsgeschwindigkeiten werden aus dem Winkelencodersignal oder mit Tachogeneratoren indirekt über eine induzierte, analoge Spannung erfaßt. Die Berechnung neuer Stellgrößen für den Motorstrom kann über verschiedene Regelalgorithmen erfolgen, die in der Robotersteuerung in Form von fest programmierten Schaltungskomponenten installiert sind. Dabei kommen überwiegend digitale Lageregelungen mit unterlegter analoger Geschwindigkeits-

und Stromregelung zum Einsatz. In die Stellsignalberechnung gehen je nach
Entwicklungsstand der Steuerung zusätzliche Informationen durch externe
Sensoren, Anschlagsmelder oder Bedienfeldeingaben (z.B.:NOT-AUS) ein [46,
62,88].

5.2. Anforderungen an die Simulation der Kinetik

Aus den o.a. mechanischen und steuerungstechnischen Charakteristika von
Robotern ergeben sich für die Entwicklung eines realistischen Simulationsmodells eine Reihe von zu berücksichtigenden Effekten.

5.2.1. Mechanischer Aufbau

Für den mechanischen Aufbau eines Robotersimulationsmodells sind

- kinematische Beziehungen,

- Massen und Trägheitsmomente,

- Reibungskennlinien,

- Elastizitäten,

- das Betriebsverhalten der Antriebsaggregate und Übertragungsglieder

- und die Beschreibung weiterer physikalischer Effekte, die sich auf das
  Bewegungsverhalten auswirken (z.B. externe Lasten)

zu berücksichtigen.

Die Beschreibung der Roboterkinematik kann in vollem Umfang mit den
ADAMS-Statements, welche Einzelteildefinition, Bindungen und kinematische
Kopplungen umfassen, durchgeführt werden. Die dynamischen Systemeinflüs-
se wie Masse oder Trägheit von Rotoren und die gegenseitige Beeinflussung
der Roboterachsen werden von ADAMS bei der Rechnung berücksichtigt. Mit
Hilfe der BISTOP-Funktion lassen sich mechanische Anschläge, welche die
Winkelgrenzen festlegen, realisieren. Für Getriebespiel und Elastizität stehen
ADAMS-Funktionen zur Verfügung, die aber eventuell durch einfachere Mo-
delle ersetzt werden können. Nicht zum Funktionsumfang des Standardpakets

gehören die nichtlinearen Reibungseffekte und die Nachbildung realen Antriebsverhaltens. Hier müssen entsprechende Erweiterungen erfolgen.

5.2.2. Steuerungstechnischer Aufbau

Zum steuerungstechnischen Teil gehören

- Bahnplanungsalgorithmen und Sollwertgeneratoren,

- unterschiedliche Regelungskonzepte,

- die Abtastzeit,

- und die Reglerparameter.

Funktionen zur Nachbildung des Steuerungsverhaltens sind in ADAMS nicht vorgesehen. Es müssen daher alle Komponenten einer Steuerung, bestehend aus Istwertaufnehmer, Sollwertgeber, Regler, Stellwertbildung und -begrenzung entwickelt werden. Der Sollwertgeber ist mit den kinematischen Planungsfunktionen von USIS schon vorhanden (s. Kap. 2). ADAMS stellt eine Funktion zur "Messung" der momentanen Istwerte zur Verfügung, wobei die Begrenzung der Verdrehwinkel auf Werte zwischen -180° und +180° zu berücksichtigen ist. Für die Nachbildung des Reglers sind die in Kap. 4 erwähnten Konzepte programmtechnisch umzusetzen, die Stellwertbildung soll u.a. durch die Simulation realen E-Motorverhaltens erfolgen. Die Stellwertbegrenzer können durch einfache Vergleiche mit wählbaren Extremwerten verwirklicht werden. Da das Ergebnis dieser Rechnungen ein Antriebsmoment ist, eignet sich die Funktion SFOSUB zur Steuerungsmodellierung.

5.2.3. Ergebnisdarstellung

Die von ADAMS angebotene Ergebnisdarstellung muß zur besseren Auswertung der Simulationsergebnisse erweitert werden. Die gewünschten Ausgabegrößen sind dabei:

- die Bewegungsgrößen (q_i, $\dot{q}_i$, $\ddot{q}_i$) wahlweise von Roboterarm oder Antriebsmotor,

- die Kraft-/Momentenverläufen in den Gelenken oder Motoren,

- die Strom- und Spannungsverläufe der Antriebsmotoren

- und die Sollwerte und Regeldifferenzen an den einzelnen Regeleinheiten.

Das dynamische Bewegungsverhalten soll hierzu in Form einer Animation mit dem Robotersimulationssystem USIS gezeigt und die Bewegungsgrößen in Form von Diagrammen ausgegeben werden können. Für die Simulation der Roboterdynamik stehen dabei die Gelenkgrößen im Vordergrund die durch eine Umformatierung der ADAMS-Output-Dateien während oder nach der ADAMS-Rechnung erzeugt werden können. Die Ausgabe in Diagrammform muß durch ein neu zu schreibendes Programm erfolgen, da der ADAMS-eigene Postprozessor hierfür nicht geeignet ist.

5.3. Modellierung physikalischer Effekte

ADAMS stellt eine Reihe von Standardfunktionen zur Verfügung mit deren Hilfe sich physikalische Effekte in ein Modell integrieren lassen. Massen, Trägheitsmomente, Lage des Massenmittelpunktes und der Hauptträgheitsachsen werden in der Eingabedatei festgelegt. Die Definition dieser Parameter wird graphikunterstützt bei der Kinematikgenerierung durchgeführt und daraus, zusammen mit den Bindungen, direkt die entsprechende ADAMS-Syntax erzeugt. Weitere physikalische Effekte, die nicht mit Standardfunktionen nachgebildet werden können, müssen über Anwenderprozeduren dazugebunden werden.

5.3.1. Reibungseffekte

Mechanische Systeme sind Reibungseinflüssen ausgesetzt, die, da sie der Bewegungsrichtung immer entgegengesetzt sind, zu einem Energieverlust des Gesamtsystems führen. Sie lassen sich in die Newtonsche und Coulombsche Reibungsform einteilen. Andere Reibungseinflüsse, wie beispielsweise Planschverluste bei ölgeschmierten Getrieben, sind für die Roboterdynamik von untergeordneter Bedeutung und sollen deshalb hier nicht weiter berücksichtigt werden.

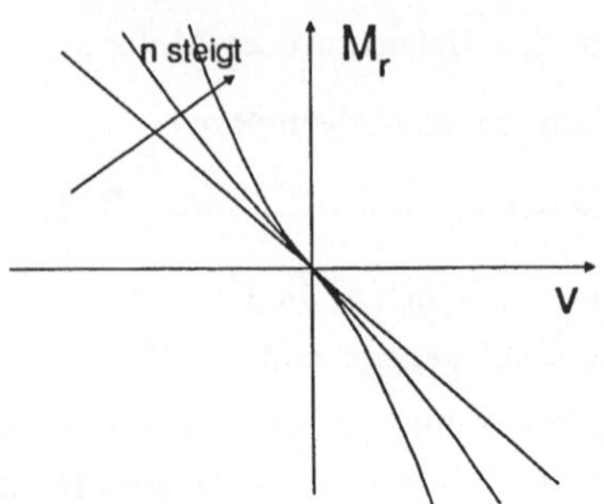

Abb.5.1:   Verlauf des Reibmoments bei Newton-
scher Reibung

Die Newtonsche Reibung ist eine in Größe und Richtung geschwindigkeitsabhängige Reibungsform, mit der Luftwiderstand oder Schmierstoffreibung in Lagern nach Gl. (5.1) ausreichend genau beschrieben werden kann.

$$M_r = - D \cdot | \, \dot{q}^{\, n} \, | \, , D > 0 \tag{5.1}$$

Die Dämpfungskonstante D beinhaltet dabei die reibungsspezifischen Beiwerte, die beispielsweise einem Lagerkatalog entnommen werden können. Der Exponent n beschreibt den Grad der Abhängigkeit.

Die Coulombsche Reibung läßt sich jeweils in einen konstanten Haft- und Gleitreibungsanteil unterteilen und ist dadurch von starken Nichtlinearitäten gekennzeichnet. Für einen in Ruhe befindlichen Körper hält das Haftreibungsmoment dem Antriebsmoment solange das Gleichgewicht, bis die Haftreibungsgrenze überschritten wird. Danach setzt sich der Körper in Bewegung, wobei das Reibmoment schlagartig den kleineren Gleitreibwert annimmt. Durch Schmierung und geeignete Werkstoffwahl der Reibpartner läßt sich dieser Sprung in gewissen Grenzen verkleinern, aber selbst bei optimalen Verhältnissen verbleibt der sprunghafte Richtungswechsel der Reibkraft bei Geschwindigkeitsumkehr. Die beiden Anteile können mit den Gleichungen

$$F_{rh} = \mu_h \cdot F_n \tag{5.2}$$

$$F_{rg} = \mu_g \cdot F_n \tag{5.3}$$

beschrieben werden.

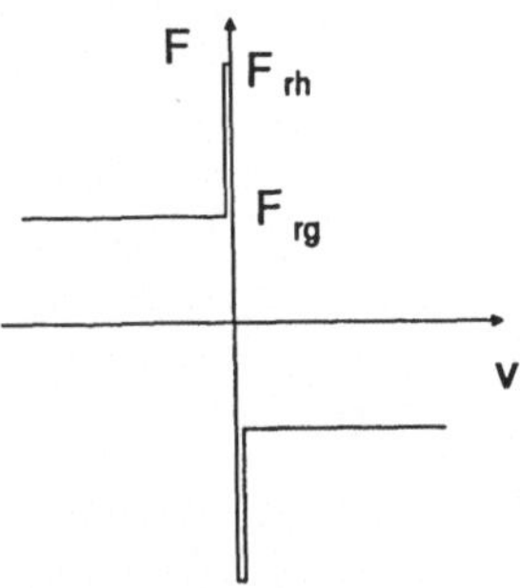

Abb. 5.2: Verlauf der Coulombschen Reibkraft

Eine weitere Darstellungsmöglichkeit für den Verlauf besteht darin, das Reibmoment über dem resultierenden Antriebsmoment aufzutragen (Abb. 5.3).

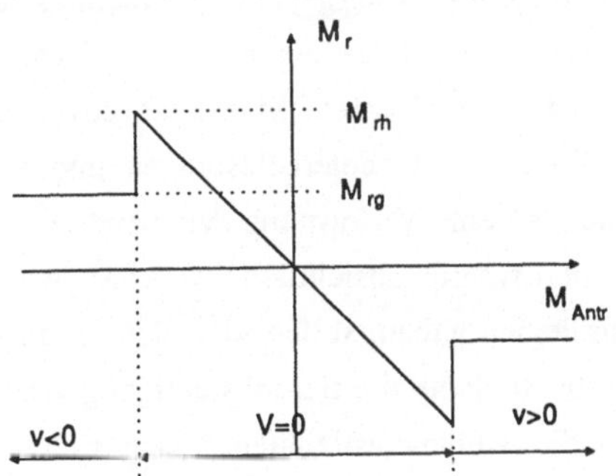

Abb. 5.3: M_r-M_{antr}-Diagramm

Für die Auswertung der Bewegungsgleichungen müssen die Sprünge durch differenzierbare Funktionen angenähert werden, da eine iterative, numerische Berechnung anders nicht konvergiert. Eine Beschreibung der Form $M_r = f(q, \dot{q})$, die durch Überlagerung eines weg- und eines geschwindigkeitsabhängigen Reibmomentenverlaufs entsteht, erweist sich für die Simulation als günstig, da sowohl Weg als auch Geschwindigkeit bekannt sind (Abb. 5.4). Als nachteilig zeigt sich allerdings, daß für $q = \dot{q} = 0$ kein Reibmoment wirkt, sondern dieses erst bei infinitesimaler Bewegung aus der Ruhelage entsteht. Die betrachtete, reibungsbehaftete Verbindung in der Simulation führt daher immer kleine Schwingungen um diese Nullage aus, sofern das effektive Moment unterhalb des Haftreibwertes liegt.

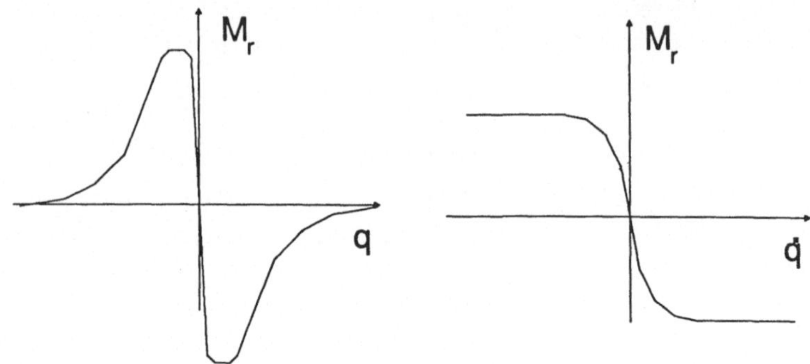

Abb. 5.4: Näherung für Haftreibungsübergänge

5.3.2. Elastizitätseffekte

Technische Systeme sind aus Werkstoffen aufgebaut, die niemals ideal starr sind, sondern sich unter verschiedenen Belastungen nach typischen Gesetzmäßigkeiten, den Werkstoffgesetzen, verformen. Man kann davon ausgehen, daß die Arme genügend steif und die Roboterbelastungen und -verfahrgeschwindigkeiten so gering sind, daß eine Verformung der Arme vernachlässigt werden kann. Experimentierroboter, die absichtlich "weiche" Armelemente zum Testen von Steuerungsstrategien haben, sollen hier nicht betrachtet werden [62], [95] S. 219ff.. Es verbleibt damit die Berücksichtigung der Elastizität der Antriebselemente. Durch die Wellenelastizitäten lassen sich neben den Schwingungen auch die Auswirkungen auf die Positioniergenauigkeit simulieren. Ausgehend von Stahl als Werkstoff für die Antriebselemente, läßt sich die Werkstoffelastizität im linearen Bereich als Feder-Dämpfer-Element auffassen. Die Federsteifigkeit C ergibt sich dabei zu:

$$C = G \cdot I_p / l \tag{5.4}$$

mit G= 80000 Nmm^2

Das infolge Elastizität übertragbare Moment ergibt sich dann zu

$$M(q) = C \cdot q \tag{5.5}$$

Für die Abhängigkeit der Werkstoffdämpfung werden verschiedene Modelle verwendet [46,88], die sich durch eine reine Weg- oder Geschwindigkeitsabhängigkeit, beziehungsweise durch eine Kombination aus beiden Modellen beschreiben lassen. Das gängigste Gesamtmodell besteht aus einer Überlagerung des linear-wegabhängigen Elastizitätsanteils mit einem wegabhängigen Dämpfungsanteil. Die Beschreibungsform $M=f(q)$ ist für eine Anwendung in ADAMS sehr geeignet. Durch Auftrennen der betrachteten Welle in zwei Teilstücke und Kopplung der beiden Wellenhälften durch ein Feder-Dämpfer-Element läßt sich das Elastizitätsverhalten einbauen (s. Abb. 5.6). Hierzu werden zwei MARKER (vgl. Kap. 4) mit parallelen z-Achsen an den beiden Wellenenden angebracht. Durch Bestimmung der Relativgrößen q und $\dot{q}$ zwischen diesen beiden MARKERn kann das übertragene Antriebsmoment in der Funktion SFOSUB berücksichtigt werden. Der Freiheitsgrad des betrachteten Systems erhöht sich durch jede Wellenauftrennung um eins.

ADAMS bietet auch eine Standardfunktion zur Simulation von Materialelastizitäten an. Hierzu wird das BEAM-Statement verwendet, das jedoch 6 weitere Freiheitsgrade in das System einbringt und die Rechenzeit damit deutlich erhöht. Durch die hohe Zahl an Freiheitsgraden können auch Schwingungen quer zur Rotationsachse und Verschiebungen in alle drei Raumrichtungen simuliert werden. Dagegen läßt das oben beschriebene Modell nur rotatorische Schwingungen um die z-Achse zu. Die Werkstoffdämpfung wird bei der Verwendung des BEAM-Statements durch die zahlenmäßige Definition einer Dämpfungsmatrix berücksichtigt. Welches Modell verwendet wird, ist von Fall zu Fall zu entscheiden. Durch den schlecht zu erfassenden Dämpfungseinfluß ist eine Beurteilung der Elastizitätseffekte nur qualitativ möglich.

5.3.3. Getriebesimulation

Ein Getriebe besteht aus Wellen, Zahnradpaarungen und Lagern, die, bedingt durch Fertigungsungenauigkeiten, Verschleiß, Reibung und spielbehaftetem Zahneingriff extremen Nichtlinearitäten unterliegen.

Die Nachbildung von Getrieben wird in zwei Stufen durchgeführt. Die erste Stufe befaßt sich mit der kinematischen Nachbildung, die das Übersetzungsverhältnis und die Bauform des Getriebekomplexes berücksichtigt. Durch Zuordnung von Massen und Trägheitsmomenten zu den einzelnen Komponenten entsteht ein Getriebemodell, dessen Kinematik und Massenverteilung ausreichend genau nachgebildet ist. Die zweite Ausbaustufe beschreibt dann die Nichtlinearitäten. Zur Reibungssimulation werden dabei die an- und abtriebsseitigen Wellen mit den oben beschriebenen Reibungsfunktionen beaufschlagt. Die Berücksichtigung der Wellenelastizität und des Getriebespiels erfolgt mit der im ADAMS-Funktionsumfang enthaltenen Funktion BISTOP.

Zur Nachbildung des Zahnflankenspiels wird die Welle, wie bei der Simulation der Elastizitäten, aufgetrennt, wodurch der Systemfreiheitsgrad um eins steigt.

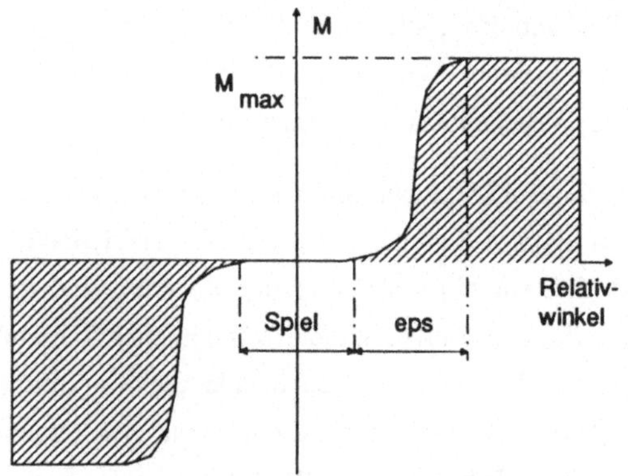

Abb. 5.5: BISTOP-Funktion

Beiden Wellenteilen wird je ein Marker zugeordnet und der Momentenverlauf über der Verdrehung zwischen diesen Markern durch die BISTOP-Funktion beschrieben. Liegt die Verdrehung unterhalb einer bestimmten Grenze, so überträgt die BISTOP-Funktion kein Moment von einem Marker auf den anderen (vgl. Abb. 5.5, Bereich "Spiel"). Wird diese Grenze überschritten, so setzt die Kraft-/Momentenübertragung ein und erreicht nach dem steifigkeitsabhängigen Weg "eps" ihr Maximum. Zur Vervollständigung der Getriebebeschreibung muß noch eine ideale Getriebestufe (GEAR-Statement im ADAMS-Eingabefile) nachgeschaltet werden. Aufgrund fehlender Parameter läßt sich nur eine qualitative Abschätzung der Effekte vornehmen, zum Beispiel die Auswirkung steigenden Getriebespiels bei unverändertem Materialverhalten. Abb. 5.6 verdeutlicht dieses Modell.

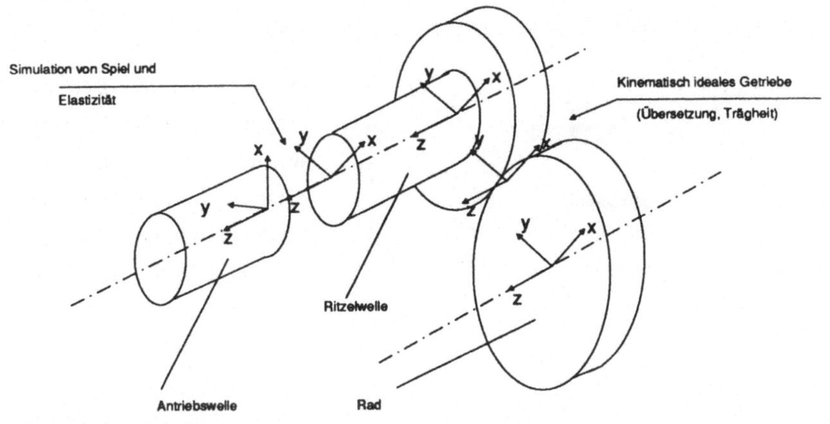

Abb. 5.6: Modell für spielbehaftete Getriebestufe

5.3.4. Mechanische Anschläge

Die Simulation mechanischer Anschläge kann ebenfalls mit der BISTOP-Funktion erfolgen. Der Bereich "Spiel" aus Abb. 5.5 stellt dabei den zulässigen Verdrehwinkelbereich dar, den eine Achse besitzen soll. Bei Überschreiten dieser Winkelgrenze wird eine Stoßkraft über die BISTOP-Funktion ermittelt, die dann auf die betrachtete Gelenkachse wirkt. Eine Auftrennung der Welle ist nicht nötig.

5.3.5. Elektromotor-Verhalten

Wegen ihrer guten Regelbarkeit verwendet man bei den meisten Industrierobotern Elektromotoren zur Erzeugung der Antriebsmomente. Der Elektromotor wandelt die elektrische Stellgröße Motorstrom in die mechanische Größe Motormoment um. Die Einbeziehung des realen Motorverhaltens in die Simulation ermöglicht eine weitere Präzisierung des Robotermodells, da neben Weg- und Geschwindigkeitsgrößen der bei realen Robotern zur Regelung eingesetzte Motorstrom berücksichtigt wird. Abb. 5.7 zeigt die Prinzipskizze eines fremderregten Gleichstrom-Nebenschlußmotors, dessen Leistungsabgabe durch zwei getrennte Stromkreise geregelt werden kann [73,79].

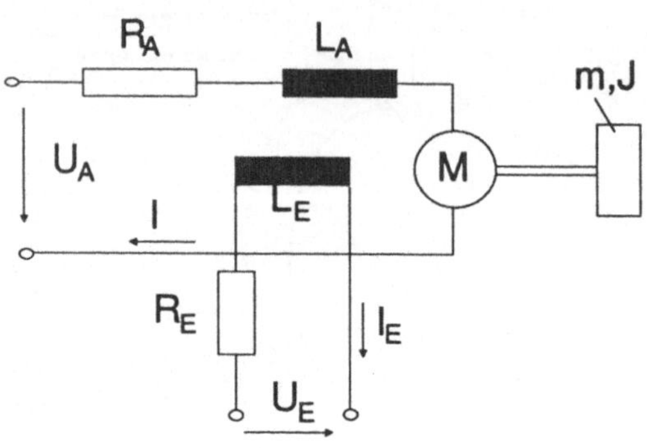

Abb. 5.7: Modell für fremderregten Gleich-
strom-Nebenschlußmotor

Für die weiteren Betrachtungen kann die Erregerspannung U_E und der Erregerstrom I_E, mit denen das Erregermagnetfeld erzeugt wird, als konstant angenommen werden. Ein vom Strom durchflossener Leiter erfährt in einem magnetischen Feld eine Kraft F. Diese bewirkt durch den Abstand r des Leiters von der Rotationsachse des Motors ein Moment M , wobei die vektoriellen Größen F, B und I stets senkrecht aufeinander stehen.

$$F = B \cdot l \cdot I \qquad\qquad (5.6)$$

$$M = F \cdot l \cdot cos(q) \qquad\qquad (5.7)$$

$$M = B \cdot l \cdot I \cdot cos(q) \cdot r \qquad\qquad (5.8)$$

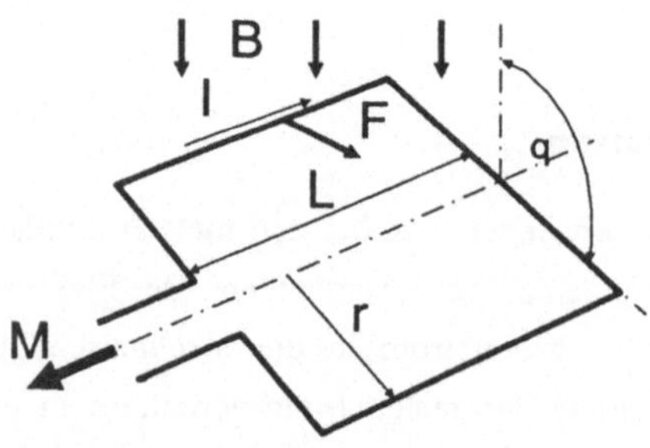

Abb. 5.8: Das elektromotorische Prinzip

Mit zunehmender Drehzahl des Rotors induziert der Motor selbst eine Spannung, die Induktionsspannung U_{ind}, die der angelegten Spannung U_A entgegengerichtet ist. Dies führt zu einer Verringerung der effektiven Ankerspannung, wodurch auch der

Ankerstrom I_A und damit das abgegebene Moment M fällt. Die Motorinduktivität L_A wirkt Änderungen des Motorstroms stets entgegen, was zu einer verzögerten Reaktion auf Änderungen der anliegenden Spannung führt. Das elektrische Motorverhalten wird wie folgt beschrieben [73,80]:

$$U_{ind} = k_u \cdot \dot{q} \qquad (5.9)$$

$$U - U_{ind} = R_i \cdot I_A + L_A \cdot dI_A/dt \qquad (5.10)$$

$$M = k_m \cdot I_A \qquad (5.11)$$

Eine regelungstechnische Darstellung mit einem Signalflußplan zeigt Abb. 5.9.

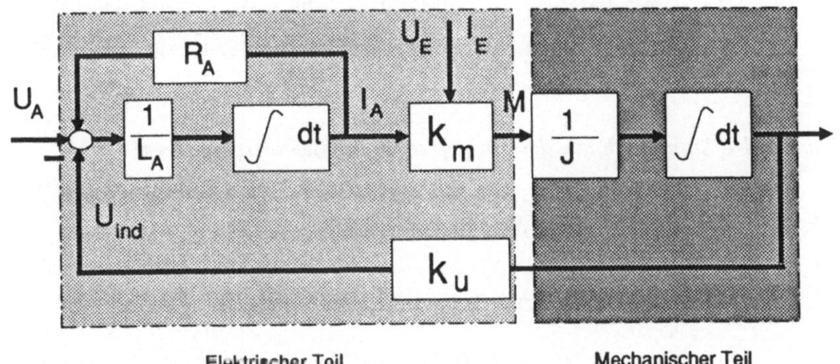

Abb. 5.9: Signalflußplan des Gleichstrommotors

U_A ist dabei die bekannte angelegte Spannung, U_{ind} läßt sich mit der Konstanten k_u und der meßbaren Winkelgeschwindigkeit $\dot{q}$ bestimmen. Die Berechnung des Istmotorstroms I_A erfordert die Lösung der Differentialgleichung (5.10), woraus dann über (5.11) das neue Motormoment M ermittelt werden kann. Programmtechnisch wurde Gl. (5.10) durch eine numerische Differentiation mit der Speicherung des jeweils letzten Stromwerts durchgeführt.

Das regelungstechnische Verhalten von elektrischen Antrieben in Verbindung mit den in Abschnitt 4.3 beschriebenen Lageregelkreisen wird durch eine zusätzliche unterlagerte Motorstromregelung verbessert. Die im allgemeinen mit PI-Reglern ausgerüstete Regelung gleicht den Induktionseinfluß des Motors aus und begrenzt dessen Strom. Abb. 5.10 zeigt den Signalflußplan eines stromgeregelten Gleichstrommotors.

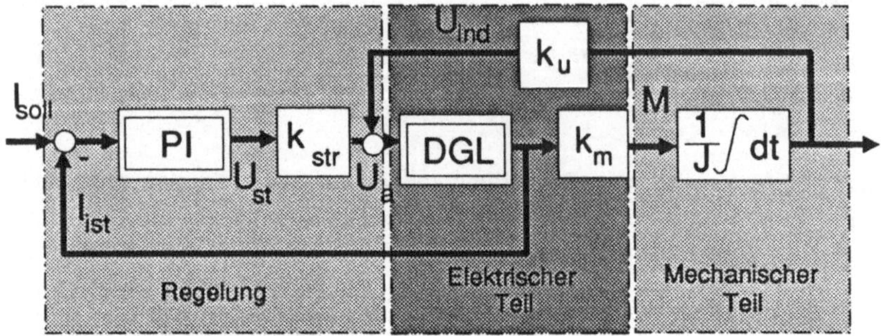

Abb. 5.10: Signalflußplan des stromgeregelten Gleichstrommotors

5.4. Nachbildung der Steuerung

5.4.1. Bahnplanung und Sollwertbereitstellung

Der Bahnplanungsteil hat die Aufgabe, den Verlauf der Bewegung zwischen zwei Raumpositionen zu planen. Herkömmliche Roboter verfügen dabei standardmäßig über die PTP- und die Linearinterpolation (s.o.). Während der Ausführung eines Roboterbefehls muß die digitale Regelung stets einen interpolierten, von der Zeit abhängigen Sollwertsatz für Winkel und Winkelgeschwindigkeiten zur Verfügung stellen. Diese Funktion übernimmt der Sollwertgenerator, dem die Ergebnisse der Bahnplanung zugrunde liegen. Bei der Ausführung eines PTP-Befehls können die Sollwerte für die Achswinkel direkt in der Achswinkelebene ermittelt werden. Die Sollwertbereitstellung bei der Linearbewegung erfordert einen höheren Rechenaufwand, da zu jeder (karthesischen) Zwischenposition über die Rücktransformation die zugehörigen Achswinkel erst berechnet werden müssen.

Eine weitere Aufgabe des Sollwertgenerators ist die Reaktion auf verschiedene Signale, die dem Roboter beispielsweise durch Sensoren oder durch externe Eingriffe durch den Bediener übermittelt werden. Im Rahmen dieser Arbeit wurde beispielhaft die Simulation von Softwareanschlägen und der "NOT-AUS"-Funktion verwirklicht. Unter einem Softwareanschlag ist eine programmtechnische Winkelbegrenzung zu verstehen, die aus Sicherheitsgründen kurz vor Erreichen der mechanischen Winkelgrenze eines Gelenks anspricht. In beiden Fällen soll der Roboter schnellstmöglich zum Stillstand kommen, was aufgrund seiner Trägheit nicht in beliebig kurzer Zeit erfolgen kann. Der Sollwertgenerator reagiert auf einen solchen Fall indem er die Sollgeschwindigkeit aller Achsen auf Null setzt und die momentanen Winkelwerte beibehält (vgl. Kap. 6).

5.4.2. Aufbau von Reglerstrukturen

Zur Steuerung von Industrierobotern werden heute üblicherweise PID-Reglerbausteine eingesetzt. Im folgenden soll die für ADAMS nötige formelmäßige Umsetzung der gängigsten, in Kap. 4 aufgezeigten Regelungskonzepte dargestellt werden.

<u>Der PID-Regelbaustein:</u>

Mathematisch läßt sich ein solcher Regler durch Gleichung (4.12) formulieren. Der differenzierende Anteil wird am Rechner durch den Differenzenquotienten

$$d(t) = K_\mathrm{d} \cdot (x_\mathrm{d}(t) - x_\mathrm{d}(t\text{-}T_\mathrm{A}))/T_\mathrm{A}, \qquad (5.12)$$

mit

$$x_\mathrm{d}(t) = \Delta q := q_{soll} - q_{ist} \text{ , für Wegregelung, bzw.} \qquad (5.12a)$$

$$x_\mathrm{d}(t) = \Delta \dot{q} := \dot{q}_{soll} - \dot{q}_{ist} \text{ , für Geschwindigkeitsregelung, bzw.} \qquad (5.12b)$$

$$x_\mathrm{d}(t) = \Delta I := I_{soll} - I_{ist}, \text{ für Stromregelung.} \qquad (5.12c)$$

ersetzt, der die Speicherung der Abtastzeit T_A und des letzten Wertes der Regeldifferenz $x_\mathrm{d}(t\text{-}T_\mathrm{A})$ notwendig macht. Der integrierende Teil wird durch die Differenzbildung von Ober- und Untersummen und anschließender Addition zum Gesamtwert verwirklicht.

$$i(t) = i(t\text{-}T_A) + K_I \cdot T_A \left(x_d(t) + x_d(t\text{-}T_A) \right) / 2 \qquad (5.13)$$

$$y(t) = K_P \cdot x_d(t) + i(t) + d(t) \qquad (5.14)$$

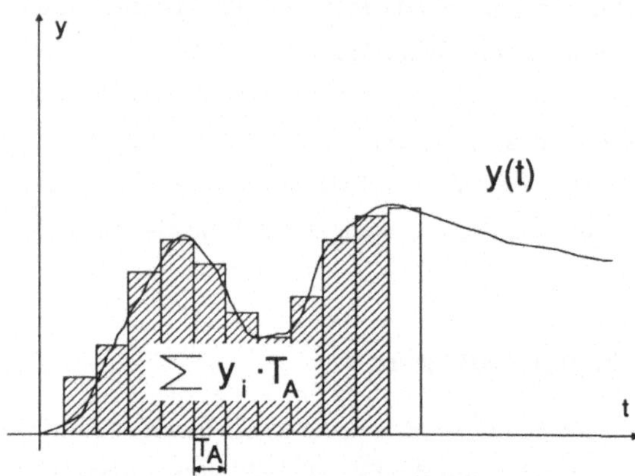

Abb. 5.11: Integration durch Bildung von Unter- und Obersummen

Die Einführung des integrierenden Anteils erfordert eine zusätzliche Speicherung des Summenwertes i(t-T_A). Die Stellwertbildung des PID-Reglers erfolgt nach dem PID-Stellungsalgorithmus [19,72] nach Gleichung (5.14). Nachfolgende Stellwertbegrenzungen können durch einfache Vergleiche realisiert werden und erfordern die Bereitstellung von Minimal- und Maximalwert der StellgrößeDie mit (5.14) dargestellte Funktion wird im folgenden zur Beschreibung der einzelnen Reglerstrukturen mit "pid(Regeldifferenz)" abgekürzt. Durch Verknüpfung der einzelnen PID-Blöcke miteinander lassen sich nun die Regelungskonzepte aus Abschnitt 4.3 verwirklichen. Die nichtlinearen Entkopplungen mit Hilfe der Feedback- und Feedforward-Konzepte können ebenfalls mit den dort angegebenen Methoden integriert werden. Im aktuellen Funktionsumfang enthalten sind sechs verschiedene Regelungskonzepte, die im folgenden mit *Modell 1.. 6* benannt werden.

<u>Modell 1</u>

Dieses Modell stellt eine einfache, proportionale Wegregelung dar. Der Stellwert wird durch Multiplikation der Regeldifferenz mit einem Proportionalfaktor gebildet.

$$M_{stell} = K_P \cdot \Delta q \tag{5.15}$$

<u>Modell 2</u>

Analog zu Modell 1 wird hier eine proportionale Geschwindigkeitsregelung realisiert. Der Stellwert wird durch Multiplikation der Regeldifferenz mit einem Proportionalfaktor gebildet.

$$M_{stell} = K_P \cdot \Delta \dot{q} \tag{5.16}$$

<u>Modell 3</u>

Dieses Modell stellt eine Kaskadenregelung für Weg- und unterlagerte Geschwindigkeitsregelung dar (vgl. Abb. 4.6). E-Motorverhalten wird nicht berücksichtigt, Störmomente können aufgeschaltet werden und die PID-Blöcke sind mit Stellwertbegrenzungen versehen. Für jeden Regelblock kann eine eigene Abtastzeit definiert werden. Die Stellwertbildung erfolgt nach:

$$M_{stell} = pid \left(\left(pid \left(\Delta \dot{q} \right) + \Delta q \right) + a\_auf \cdot \ddot{q}soll \right) \tag{5.17}$$

<u>Modell 4</u>

Dieses Regelungsmodell verwendet eine Zustandsregelung nach Abb. 4.5 [46,87]. Alle Funktionen sind identisch mit Modell 3, lediglich die Stellwertbildung erfolgt davon abweichend nach (5.18):

$$M_{stell} = pid \left(\Delta q \right) + pid \left(\Delta \dot{q} \right) + a\_auf \cdot \ddot{q}soll \tag{5.18}$$

<u>Modell 5</u>

Dieses Steuerungsmodell ist wieder mit einer Kaskadenregelung versehen. Reales E-Motorverhalten wird bei der Stellwertbildung berücksichtigt, eine unterlegte Stromregelung ist nicht vorgesehen. Die Herleitung von Gl. (5.23) beschreibt die Stellwertbildung, Abb. 5.12 zeigt den zugehörigen Signalflußplan.

$$U_{st} = pid\,(\,pid\,(\,\Delta\dot{q}\,) + \Delta q\,) + a\_auf \cdot \ddot{q}_{soll} \qquad (5.19)$$

$$U_{ind} = k_u \cdot \dot{q}_{ist} \qquad (5.20)$$

$$dU = U_{st} - U_{ind} \qquad (5.21)$$

$$I_A = (dU + L_A \cdot I_A\,(\,t\text{-}T_A\,)\,/\,T_A\,)\,/\,(\,R_A + L_A\,/\,T_A\,) \qquad (5.22)$$

$$M_{stell} = k_m \cdot I_A \qquad (5.23)$$

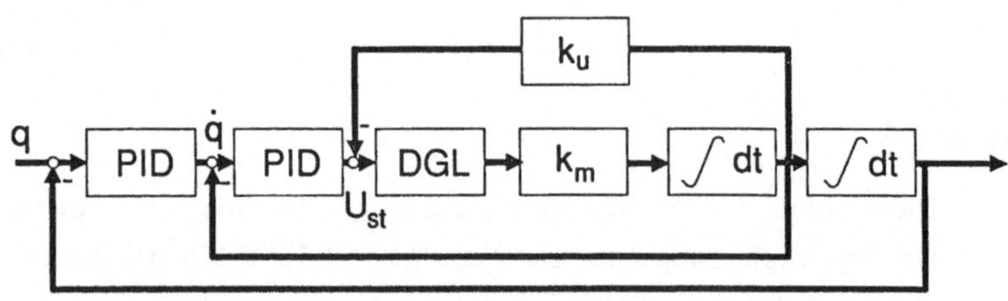

Abb. 5.12: Kaskadenregelung mit ungeregeltem E-Motor

Modell 6

Bei diesem Regelungsmodell handelt es sich um eine Dreigrößenregelung. Neben der Weg-Geschwindigkeits-Kaskadenregelung (vgl. Modell 3 und 5) wird hier zusätzlich der Motorstrom vorgeregelt. Der vollständige Signalflußplan ist in Abb. 5.14 dargestellt. Die Stellwertbildung erfolgt nach (5.30).

$$I_{soll} = pid\,(\,pid\,(\,\Delta\dot{q}\,) + \Delta q\,) + a\_auf \cdot \ddot{q}_{soll} \qquad (5.24)$$

$$I_{ist} = I_A\,(\,t\text{-}T_A\,) \qquad (5.25)$$

$$U_{st} = pid\,(\,I_{soll} - I_{ist}\,) \qquad (5.26)$$

$$U_{ind} = k_u \cdot \dot{q}_{ist} \qquad (5.27)$$

$$dU = U_{st} - U_{ind} \qquad (5.28)$$

$$I_A = (\, dU + L_A{\cdot}I_A\,(\,t\text{-}T_A\,)\,/\,dt\,)\,/\,(\,R_A + L_A\,/dt\,)$$ (5.29)

$$M_{stell} = k_m \cdot I_A$$ (5.30)

5.5. Ausgabesteuerung

Die in ADAMS standardmäßig vorgesehene Ausgabe der Bewegungsgrößen und der Kraft/Momentenverläufe enthält eine Reihe zusätzlicher Informationen, die für die Darstellung der Simulationsergebnisse mit USIS nicht benötigt werden. Mit Hilfe der REQSUB-Funktion kann der Output so gefiltert werden, daß nur die wesentlichen Größen geordnet in eine Datei geschrieben werden. Außerdem besteht durch die beschriebene REQUEST-Funktion die Möglichkeit, zusätzliche zeitveränderliche Werte (z.B. Motorströme), die nicht mit der Standardausgabe erzielt werden können, zu sichern.

Implementiert wurde ein Ausgabeformat, welches sowohl von USIS gelesen werden kann als auch von einem Programm zur Darstellung von Diagrammen. Dieses eigens hierfür entwickelte Programm "GRAPH" setzt auf GKS (Graphisches Kernsystem) auf und erlaubt über eine menühafte Eingabe die Darstellung der gewünschten Kurvenverläufe.

5.6. Realisierte Schnittstellen

Die Kommunikation der einzelnen Module untereinander erfolgt über Schnittstellen, die aus Dateien bestehen. In Abb. 5.13 wird das Zusammenwirken der Module ROBGEN, USIS, ADAMS und GRAPH aufgezeigt (s. auch Abb. 4.9). Aus ROBGEN wird automatisch die ADAMS-Eingabedatei mit den Massen und Trägheitsmomenten und den Achsbindungen erzeugt. Die nötigen Übergabegrößen der User-Written-Functions müssen noch zusätzlich eingefügt werden. Durch weitere Dateien können physikalische Effekte, die Reglerdaten und die dynamisch zu berechnenden Roboterprogrammsätze an ADAMS übergeben werden. Die Ausgabe erfolgt wahlweise als Animation mit USIS oder in Form von Diagrammen auf verschiedene Ausgabegeräte oder -dateien.

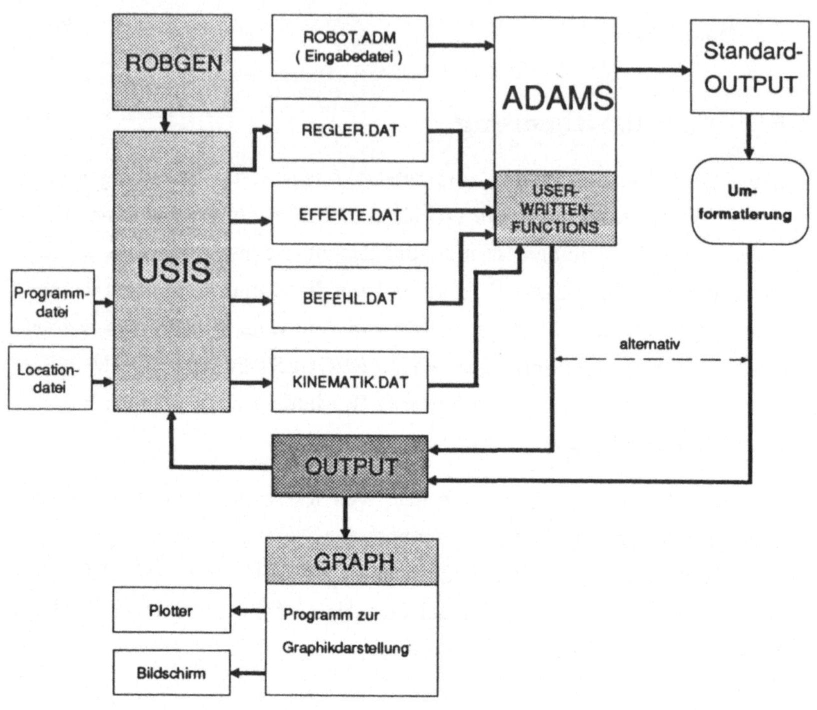

Abb. 5.13: Schnittstellenkonzeption

Abb. 5.14 zeigt nochmals schematisch das Zusammenwirken der beschriebenen Module. Der Regelkreis entspricht dem von "Modell 6" (s.o.), wobei nur der Regelkreis für eine Achse dargestellt ist, jedoch bis zu sechs (für jede Achse einer) berechnet werden.

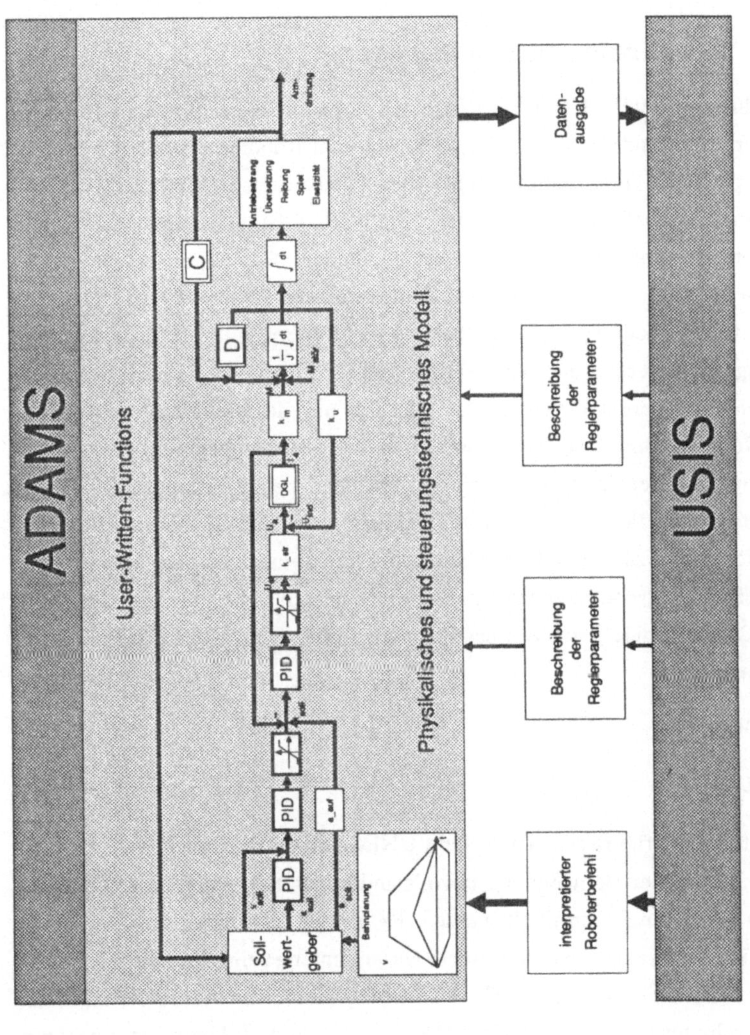

Abb. 5.14: Zusammenwirken von USIS und ADAMS

6 Simulationsergebnisse für einen sechs-achsigen Knickarmroboter

6.1. Beschreibung des Roboters

Der Industrieroboter PUMA762[1] ist ein Knickarmroboter mit sechs rotatorischen Freiheitsgraden (s. Abb 6.1). Die von den Roboterherstellern zur Verfügung gestellten Informationen über die physikalischen Parameter sind unzureichend, so daß die meisten der für die Simulation nötigen Daten nur größenordnungsmäßig angegeben werden können. Es soll deshalb hier die prinzipielle Vorgehensweise bei der Simulation der Dynamik mit den oben beschriebenen Modulen und die Reaktion des Systems auf Parametervariationen dargestellt werden und nicht ein möglichst exaktes Abbild eines Roboters geschaffen werden. Es werden exemplarisch nur die drei Grundachsen berücksichtigt da die zusätzliche Simulation der drei Handachsen analog vorgenommen werden kann und keine entscheidend neuen Erkenntnisse bringt. Die drei Grundachsen werden von Gleichstrommotoren angetrieben, die bei einer Höchstdrehzahl von 1600 U/min ein Drehmoment von ca. 10Nm abgeben. Bei einer Speisespannung von 24 V ergibt sich dann über die Gln. (6.1) und (6.2) überschlägig ein von der Regelung auf I_{max} = 11 A zu begrenzender Maximalstrom.

$$P = M \cdot \omega \tag{6.1}$$

$$P = U \cdot I \tag{6.2}$$

Die Getriebekonfiguration wurde dem UNIMATION-Handbuch [60] entnommen. Da auch hier Bemaßungen unvollständig waren, mußten einzelne Werte aus den Zeichnungen ermittelt werden. Es handelt sich dabei um zwei- bzw. dreistufige Zahnradgetriebe mit einem Gesamtuntersetzungsverhältnis, je nach Achse, zwischen 1:60 und 1:100. Der Antriebsmotor von Achse 1 sitzt in der Roboterschulter, die Antriebe für Achse 2 und 3 sind im Unterarm eingebaut.

---

1)   PUMA ist ein eingetragenes Warenzeichen der Fa. Unimation Inc.

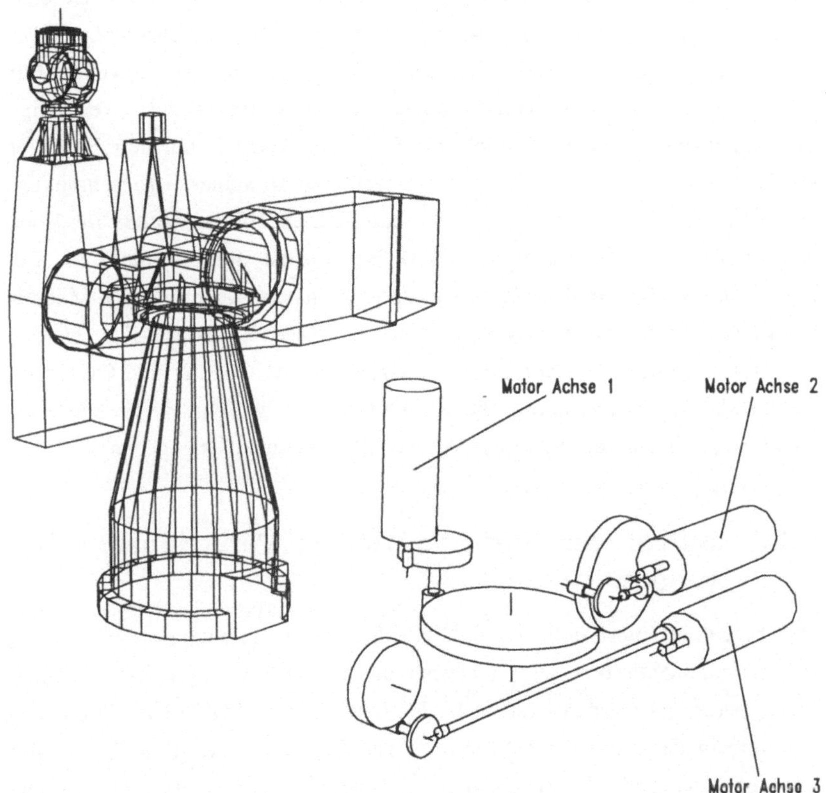

Abb. 6.1: PUMA762 mit Darstellung des Antriebskomplexes der ersten drei Achsen

Abb. 6.1 zeigt das Simulationsmodell des Roboters mit dem Antriebskomplex der ersten drei Achsen.

Das verwendete Input-File für die ersten drei Achsen befindet sich zusammen mit den Tabellen A.1, A.2 und A.3 (diese beinhalten eine Auflistung der für ADAMS notwendigen MARKER, JOINTS und GEARS) im Anhang. Die Robotergeometrie wird dort durch das GROUND-Statement und die PART- und MARKER-Befehle beschrieben. Die Nomenklatur der PART-Anweisungen erfolgt dabei so, daß die erste Ziffer das betrachtete Roboterteil, also

Schulter, Oberarm oder Unterarm, bezeichnet. Die zweite Ziffer ist eine fortlaufende Nummer, die Teile bezeichnet die fest mit dem betroffenen PART verbunden sind, also beispielsweise der E-Motor oder die Antriebswellen. Für die Markernummern wird dann zusätzlich noch eine fortlaufende zweistellige Zahl angehängt. Prinzipiell bleibt die Wahl einer Nomenklatur dem Benutzer überlassen, auch die Funktionserweiterungen sind an keinerlei Einschränkungen gebunden. Reibungs-, Elastizitäts- und Getriebeeffekte werden für jeden Antriebskomplex nur einmal modelliert. Es empfielt sich, die einzelnen Befehle mit Kommentaren zu versehen, da eine spätere Änderung des Modells dann leichter vorgenommen werden kann. Am Ende des INPUT-Files werden die Richtung und Größe der Gravitationskraft mit ACCGRAV und Parameter, welche das Rechenverfahren, die Rechengenauigkeit, Schrittweite und Ausgabeformen definieren durch das ANALYSIS-Statement angegeben.

6.2. Aufruf der implementierten Funktionserweiterungen

Wie bereits erläutert stellt das SFORCE-Statement die zentrale Funktion zur Reglerimplementierung dar, da hiermit die auf das System wirkenden Stellkräfte berechnet werden können. In der zugehörigen SFOSUB-Funktion wurden verschiedene physikalische Effekte und Reglertypen (s. Kap. 5), die sich über entsprechende Übergabeparameter anwählen lassen, ausprogrammiert. Die Unterprogramme sind modular aufgebaut, so daß sich die hier angegebenen Beispiele leicht ändern oder erweitern lassen.

Mit dem ADAMS-Befehl:

SFORCE/id,I=...,J=....,ROTATION,FUNCTION=USER(a,b,c,d,e,f,g,h)

wird mit a=1 die Einachsregelung aktiviert (s. ADAMS-Eingabedatei im Anhang). Die Parameter b bis h haben dann folgende Bedeutung:

b   = 1..6 Achsnummer

c   = 1..6 Regelungsmodell (s. 5.4.2)

d   I-Marker des Antriebselements

e   J-Marker des Antriebselements

f   R-Marker des Antriebselements

g   REQUEST-Nummer für SFORCE-Statement

h   REQUEST-Nummer für Umdrehungszähler

Der ADAMS-Befehl:

SFORCE/id,I=...,J=...,ROTATION,FUNCTION=USER(a,b,c,d)

aktiviert mit a=2 ein Modell zur Getriebespielsimulation. Hier haben die Parameter b bis d folgende Bedeutung:

b   = 1..6 Achsnummer

c   Relativmarker für Weg und Geschwindigkeit

d   zugehöriger FORCE-MARKER

Es können bis zu 30 Parameter an die Unterprogramme übergeben werden, es besteht aber auch die Möglichkeit, nur bestimmte Werte durch die Übergabelisten festzulegen und die restlichen Beschreibungsdaten über Dateien zur Verfügung zu stellen. Bei diesem Beispiel werden die Größe des Getriebespiels, die Verformungswerte und noch einige andere Kennwerte in der Datei GETRIEBE.DAT festgelegt.

Wählt man in

SFORCE/id,I=...,J=...,ROTATION,FUNCTION=USER(a,b,c,d,e,f)

den Parameter a mit "3" vor, so wird ein Modell zur Elastizitätssimulation aktiviert. Die restlichen Parameter bedeuten:

b   Länge der Welle

c   G-Modul in Nmm^2

d   Dämpfungsfaktor

e   Durchmesser in mm

f   zugehöriger FORCE-MARKER

Die Ausgabesteuerung geschieht mit der REQSUB-Funktion. Es können durch entsprechende Parametereingaben Ausgaben unterdrückt oder bestimmte Werte, wie z.B. Soll- und Istwerte oder Regeldifferenzen formatiert ausgegeben werden.

6.3. Ergebnisse bei Variation von Simulationsparametern

Der implementierte Funktionsumfang soll nun anhand einiger Rechenbeispiele demonstriert werden. Ausgehend von einem mechanischen und steuerungstechnischen Basismodell werden einzelne Simulationsparameter verändert und die Auswirkung auf das Bewegungsverhalten erläutert. Reibungs- und Elastizitätseffekte sollen zunächst unberücksichtigt bleiben. Als Steuerungsmodell wird "Modell 3" aus Abschnitt 5.4.2 gewählt, eine unterlegte Stromregelung und E-Motorverhalten wird hier anfangs nicht einbezogen. Als Reglerparame-

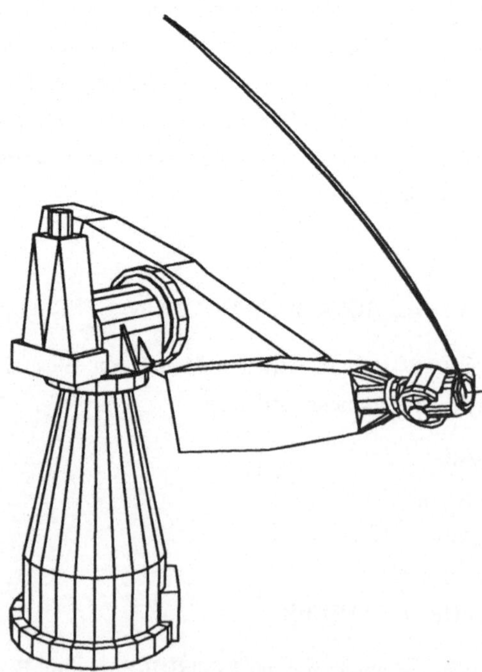

Abb. 6.2: Referenzbewegung zur Veranschaulichung dynamischer Effekte

ter werden die hier zusammengestellten Referenzwerte und Variationen von diesen eingesetzt (die Zahlenindizes bezeichnen die einzelnen Achsen):

$Abtastzeit\ T_A = 0.001s$

$K_{P1}=35,\ K_{P2}=40,\ K_{P3}=75\quad (PI\text{-}Wegregler)$

$K_{D1,2,3} = 0$

$K_{I1}=20,\ K_{I2}=1000,\ K_{I3}=75$

$K_{P1}=75,\ K_{P2}=100,\ K_{P3}=7\,5\quad (P\text{-}Geschwindigkeitsregler)$

$K_{D1,2,3}=0$

$K_{I1,2,3}=0$

Um die Simulationsergebnisse vergleichen zu können, wird immer die selbe Bewegung mit verschiedenen Parametern durchgerechnet. Diese Bezugsbewegung ist in Abb. 6.2 dargestellt und kann als Linearbefehl oder als PTP-Bewegung ausgeführt werden. Das Ergebnis der Simulation kann entweder als Animation in USIS oder als Zustandsgröße-Zeit-Diagramm ausgegeben werden. Ein Vergleich eines Simulationsergebnisses mit Messungen bei der Ausführung dieser Bewegung am realen Roboter wird in Abschnitt 7.5 durchgeführt.

6.3.1. Einfluß der Abtastzeit

Unter der Abtastzeit T_A versteht man die Größe des Zeitintervalls, nach dessen Ablauf eine Neubestimmung der Stellgröße erfolgt. Mit Verkleinerung der Abtastzeit steigt einerseits der Rechenaufwand, da der Regelungsalgorithmus öfter durchlaufen werden muß, andererseits erreicht man eine genauere Einhaltung der Sollbahn, da Abweichungen früher erkannt und korrigiert werden können. Die Abtastzeiten können beim vorliegenden Steuerungsmodell für jeden Regler einzeln eingestellt und so der Abtastzeit des realen Roboters angepaßt werden. In diesem Beispiel wurden alle Werte gleichzeitig jeweils verdoppelt.

Abb. 6.3 zeigt den Geschwindigkeitsverlauf der 3. Achse bei unterschiedlichen Abtastzeiten. Ausgeführt wird dabei die eingangs erwähnte Referenzbewegung. Deutlich zu erkennen sind die mit zunehmender Abtastzeit ansteigenden

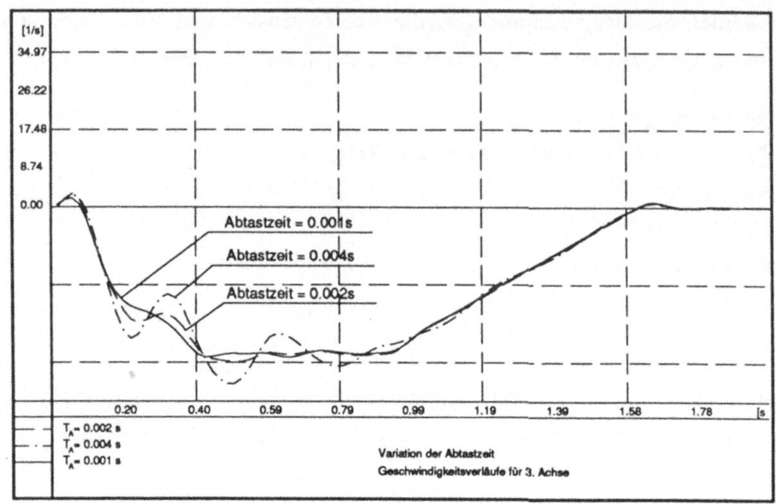

Abb. 6.3: Geschwindigkeitsverläufe bei Variation der Abtastzeit

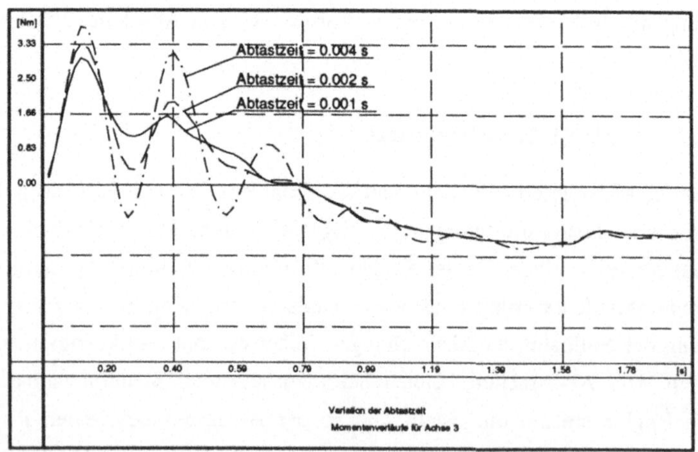

Abb. 6.4: Momentenverläufe bei Variation der Abtastzeit

Abweichungen und die daraus resultierende erhöhte Schwankung des Antriebsmoments (Abb. 6.4). Die Bahnabweichungen, die durch die Änderung der
Abtastzeiten hervorgerufen werden, sind in Abb. 6.5 dargestellt.

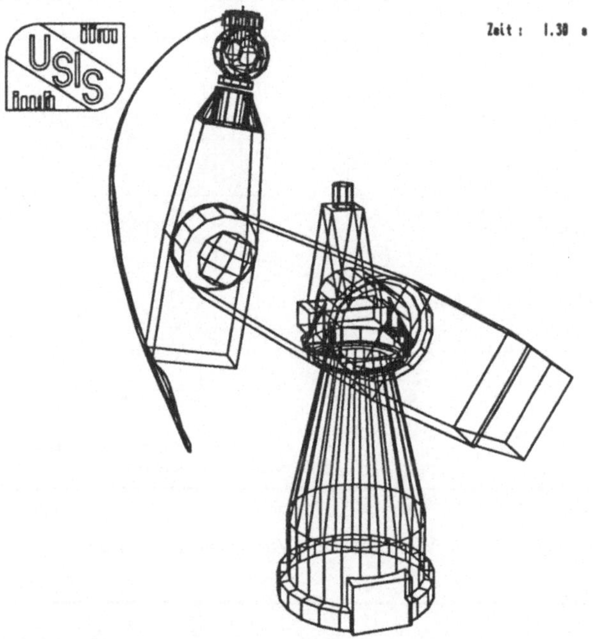

*Abb. 6.5: Bahnabweichungen einer PTP -Bewegung bei unterschiedlichen
Abtastzeiten*

6.3.2. Proportionale Eingrößen-Wegregelung

Wird anstelle einer Kaskadenregelung nach "Modell 3" aus Abschnitt 5.4.2
das rein weggeregelte "Modell 1" zur Steuerung der 1. Achse verwendet,
ergeben sich dabei die Geschwindigkeitsverläufe nach Abb. 6.6. Die fette
Kurve zeigt zum Vergleich die Kaskadenregelung, mit der der Sollbahnverlauf
gut angenähert wird. Mit steigendem Proportionalitätsfaktor P des Wegreglers
kann die vorgegebene Bahn zwar genauer eingehalten werden, aufgrund fehlender Dämpfungseinflüsse schwingt das System jedoch auch nach Ende der
Sollbewegung in seiner Eigenform weiter. Mit sinkendem P-Faktor steigt die
Neigung zum Überschwingen an.

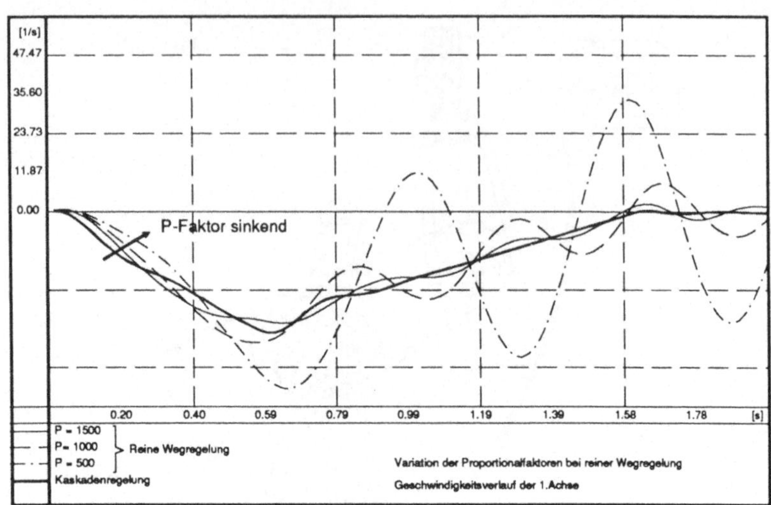

Abb. 6.6: Proportionale Wegregelung, Variation der P-Faktoren

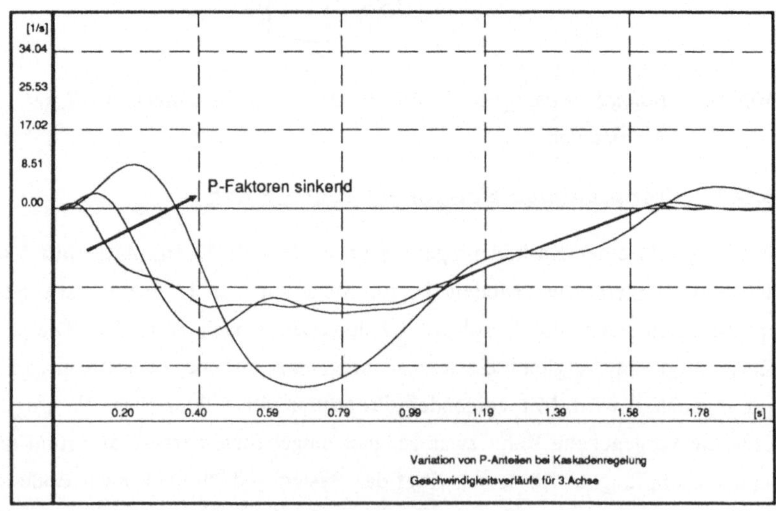

Abb. 6.7: Kaskadenregelung, variierende P-Faktoren des Wegreglers

6.3.3. Variation der Proportionalitätsfaktoren

Für dieses Beispiel wird wieder "Modell 3" verwendet, allerdings ohne I-Anteile. Analog zum vorangegangenen Beispiel werden nun die P-Faktoren für Weg- und Geschwindigkeitsregelung verändert. Deutlich ist auch hier zu erkennen, daß mit sinkenden Verstärkungsfaktoren die Überschwingneigung steigt. Die zusätzliche Geschwindigkeitsregelung hat aber einen dämpfenden Einfluß, so daß das System auch bei schlechter Parameterwahl nach endlicher Zeit zur Ruhe kommt. Abb. 6.7 zeigt die Geschwindigkeitsverläufe der 3. Achse, Abb. 6.8 die zugehörigen Antriebsmomente

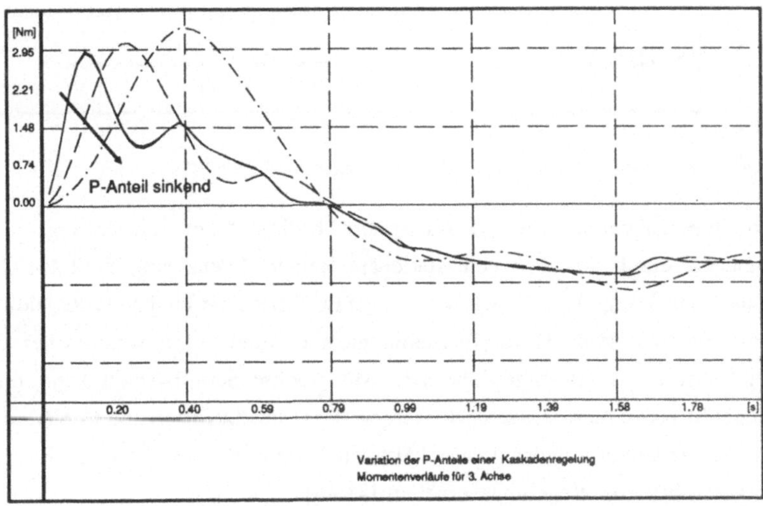

Abb. 6.8: Momentenverläufe bei unterschiedlichen P-Faktoren des Wegreglers

6.3.4. Einfluß der integrierend wirkenden Reglerkomponenten

Durch die I-Anteile wird der Verlauf der Regeldifferenzen aufsummiert. Dadurch können auch statische Einflüsse, beispielsweise durch Gewichtskräfte, ausgeregelt werden. Abb. 6.9 zeigt den Wegverlauf der 2. Achse beim Einschwingvorgang. Alle Führungsgrößen (q_i, $\dot{q}_i$, $\ddot{q}_i$) werden während der gesamten Simulationsdauer auf Null gesetzt. Wegen fehlender Bremsen des

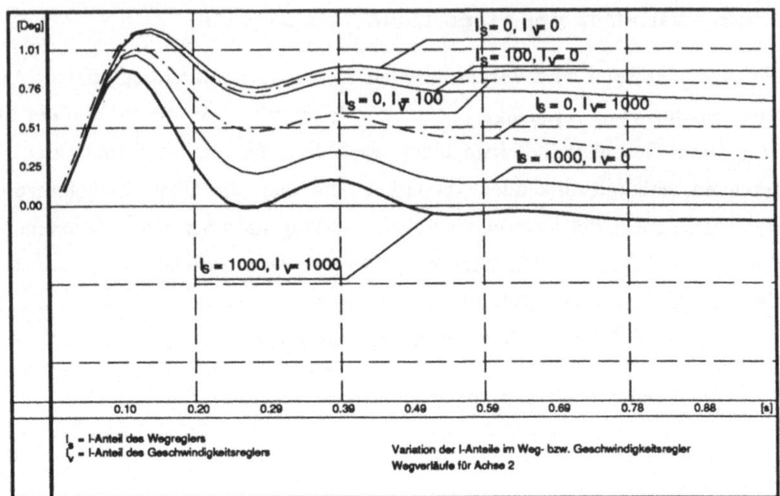

Abb. 6.9: Wirkung von integrierenden Reglerkomponenten

Simulationsmodells schwingt das System, bedingt durch sein Eigengewicht, zunächst durch, bis sich eine stationäre Regeldifferenz eingestellt hat. Bei fehlendem I-Anteil stellt sich nach ungefähr 0,6 s eine bleibende Regeldifferenz ein, mit deren Hilfe ein Stellmoment ermittelt wird, welches der Gewichtskraft das Gleichgewicht hält. Mit wachsendem I-Anteil kann diese Regeldifferenz dann ausgeregelt werden. Wird der integrierende Reglerteil in die Wegregelung eingebaut, so erhält man mit ansonsten identischen Parametern ein besseres Regelungsverhalten [41,46].

6.3.5. Vergleich zwischen P-PI- und PI-P-Kaskadenregelung

Die Bilder 6.10 und 6.11 zeigen die Auswirkung des I-Anteils jeweils im Weg- oder im Geschwindigkeitsregelteil. Die PI-P-Kaskadenregelung zeigt, bei ansonsten gleichen Parametern, besseres Regelungsverhalten, als eine P-PI-Regelung. Trotzdem werden bei heute üblichen Robotersteuerungen noch überwiegend letztere Regelungskonzepte verwendet [46]. Das Überschwingen am Anfang der Bewegung ist durch das Fehlen von Bremsen beim Simulationsmodell begründet.

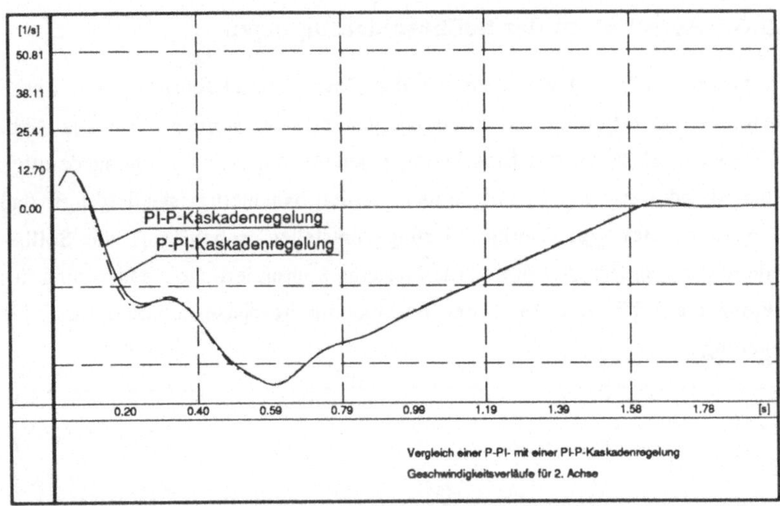

Abb. 6.10: Geschwindigkeitsverläufe bei P-PI- und PI-P-Kaskadenregelung

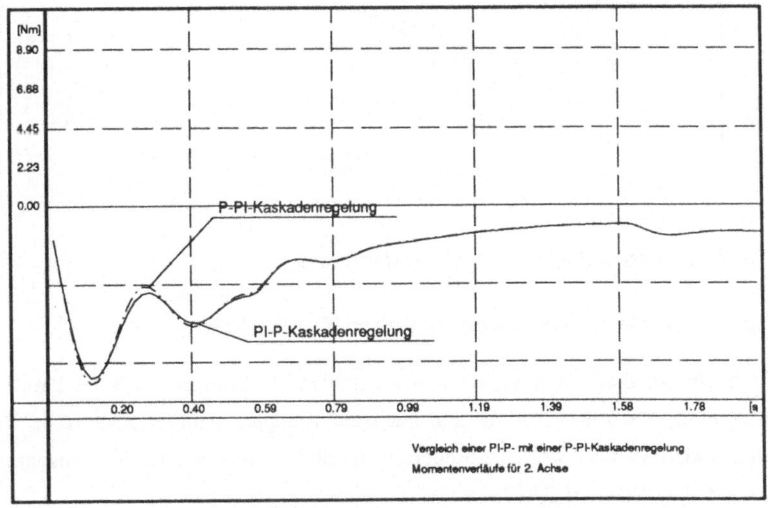

Abb. 6.11: Momentenverläufe bei P-PI- und PI-P- Kaskadenregelung

6.3.6. Aufschalten der Sollbeschleunigungen

Ein besseres Führungsverhalten bei der Bewegungsausführung kann durch Aufschalten der Führungsbeschleunigungen erreicht werden. Wie aus Abb. 6.12 ersichtlich, kann das Einschwingen am Anfang der Bewegung deutlich reduziert, oder sogar ganz aufgehoben werden. Nachteilig ist allerdings, daß im weiteren Bewegungsverlauf Sprünge entstehen, sobald sich die Sollbeschleunigung ändert. Abhilfe würde hier eine kontinuierliche Reduzierung des Faktors a_auf bis zum Ende der Beschleunigungsphase schaffen (adaptive Regelung).

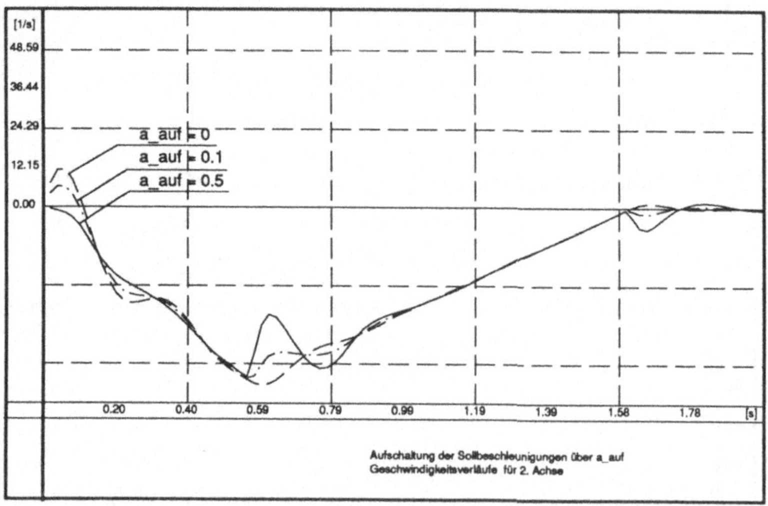

Abb. 6.12: Aufschaltung der Sollbeschleunigung

6.3.7. Wirkung unterschiedlicher Traglasten

Nachdem bei den vorangegangenen Beispielen steuerungstechnische Parameter verändert wurden, soll in den nächsten Beispielen das mechanische Robotermodell variiert werden. Steuerungsmodell ist nun wieder die Ausgangsversion von "Modell 3".

Abb. 6.13 zeigt den Geschwindigkeitsverlauf der 3. Achse mit unterschiedlichen Traglasten. Die Abweichungen von den Sollverläufen fallen insgesamt geringer aus, am Ende der Bewegung ist praktisch kein Unterschied der Bewegungen festzustellen. Durch andere Parameterabstimmung lassen sich die Schwingungen am Anfang der Bewegung weiter reduzieren.

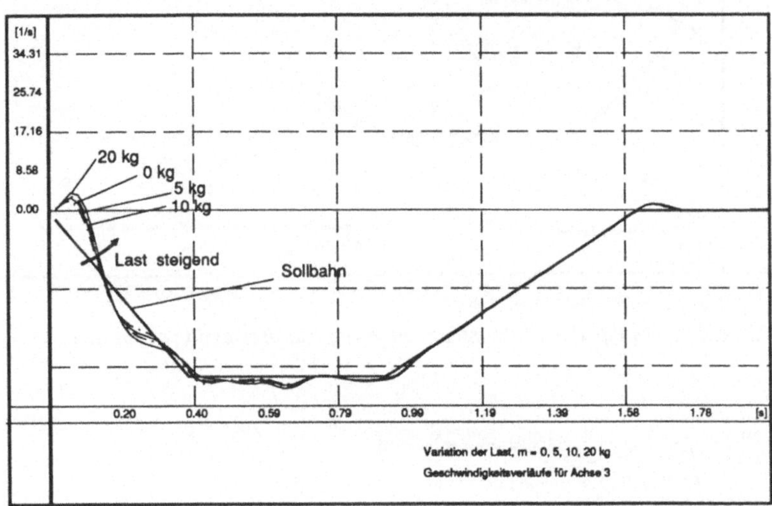

Abb. 6.13: Einfluß unterschiedlicher Traglasten auf den Geschwindigkeitsverlauf der 3. Achse

6.3.8. Auswirkung von Massenträgheit der Antriebsstränge

Zunehmende Massenträgheit im Antriebsstrang führt prinzipiell zu verzögerter Reaktion auf Änderungen der Führungsgrößen und zu einer Erhöhung des erforderlichen Antriebsmoments (Abb. 6.14). Am Ende der Bewegung braucht das mechanische System länger bis es zur Ruhe kommt.

6.3.9. Auswirkung von Reibungseinflüssen

Abb. 6.15 zeigt den Antriebs- und Reibmomentenverlauf bei unterschiedlichen Dämpfungsfaktoren. Mit steigender Reibung müssen höhere Antriebsmomente

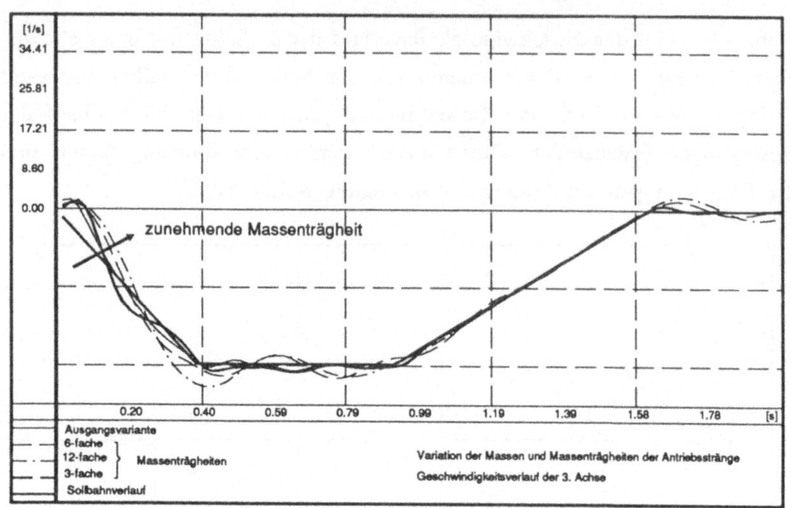

Abb. 6.14: Einfluß der Massenträgheiten auf das Bewegungsverhalten

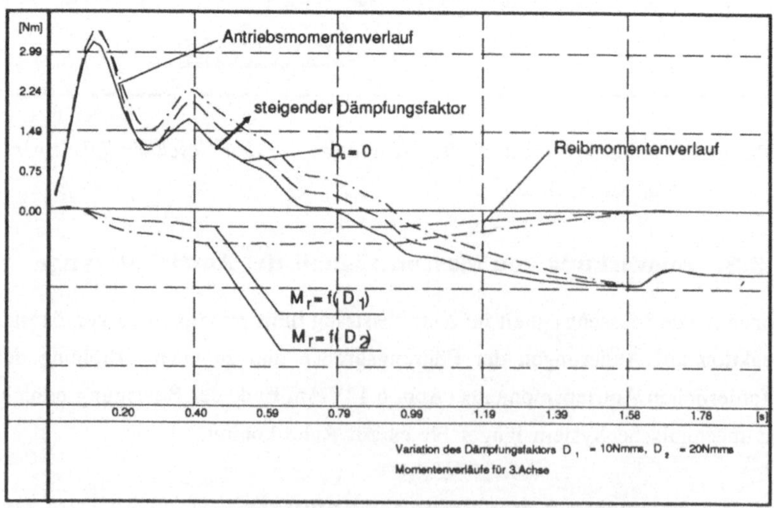

Abb. 6.15: Antriebs- und Reibmomentenverlauf bei Newtonscher Reibung

aufgebracht werden. Die Auswirkung der Newtonschen Reibung auf die Bewegungsgrößen ist sehr gering, solange ausreichend Antriebsmoment zu deren Überwindung zur Verfügung steht. Auf eine Darstellung zugehöriger Geschwindigkeitsverläufe wurde daher verzichtet.

6.3.10. Getriebespiel und Elastizitäten

Zur Simulation von Getriebespiel und Materialelastizitäten stellt ADAMS die Funktion BISTOP zur Verfügung. Die Rechenzeit steigt besonders bei der Simulation von Getriebespiel erheblich an. Die Berechnung des in den Diagrammen 6.16 bis 6.18 dargestellte Verhalten der 1. Achse (Ausführung einer PTP-Bewegung) benötigte ungefähr die 10-fache Rechenzeit aller anderen Simulationen. (ca. 5000 s CPU-Zeit). Die Parameter wurden absichtlich größer als die realen Werte gewählt damit die Auswirkungen gut sichtbar werden.

In Abb. 6.16 sind die Relativgrößen Weg und Geschwindigkeit zwischen den beiden Markern dargestellt, zwischen denen Spiel simuliert wurde. Abb. 6.17 zeigt den Geschwindigkeitsverlauf der 1. Achse, Abb. 6.18 den zugehörigen

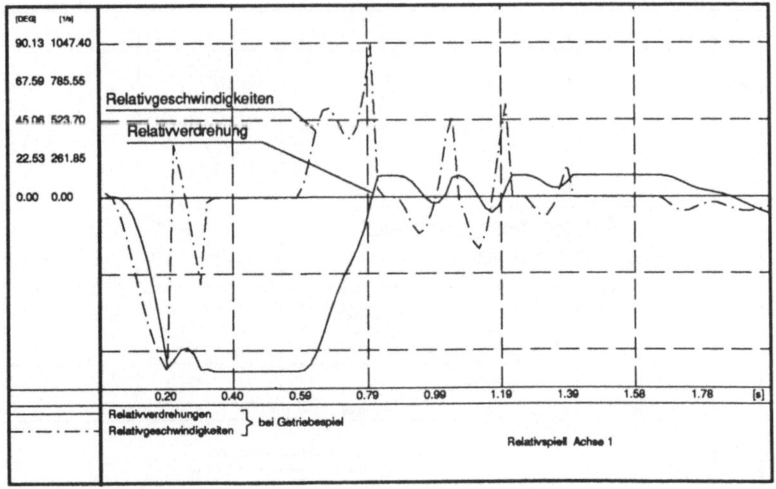

Abb. 6.16: Relativgrößen zwischen spielbehafteten Wellenteilen

Momentenverlauf im Vergleich zum Kurvenverlauf ohne die Berücksichtigung dieser Effekte.

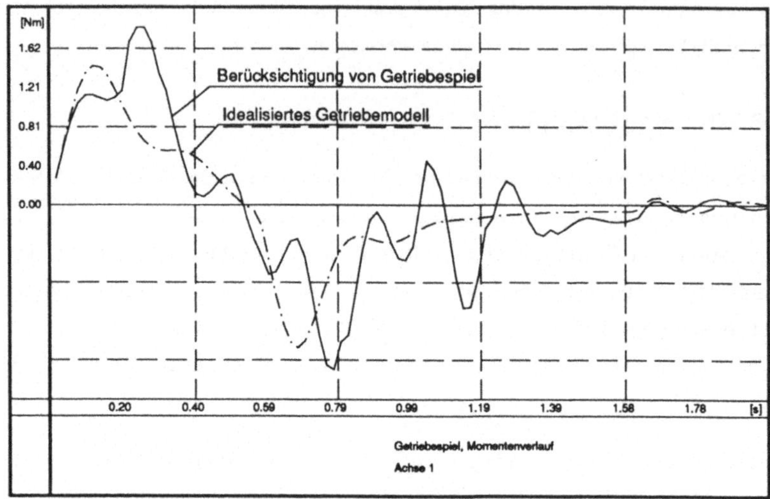

Abb. 6.17: Geschwindigkeitsverlauf von Achse 1 bei Getriebespiel

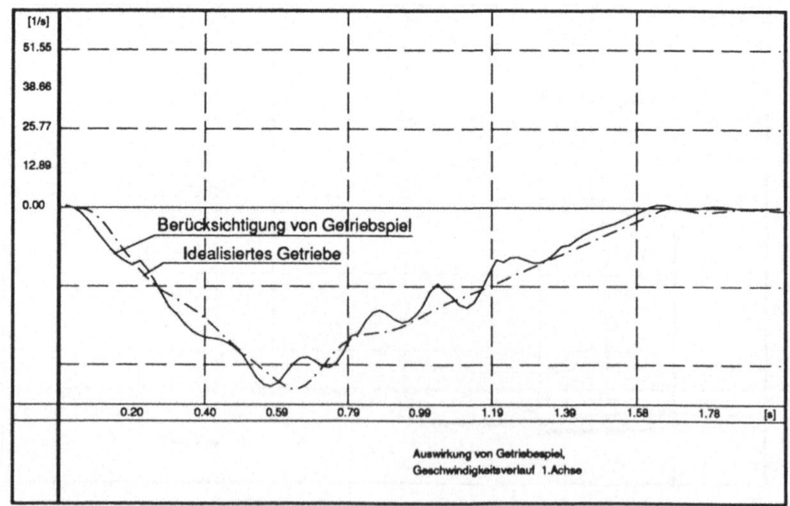

Abb. 6.18: Momentenverlauf von Achse 1 bei Getriebespiel

6.3.11. Aufschalten von Störmomenten

Die Robustheit einer Regelung kann durch ihre Reaktion auf verschiedene Störungen beurteilt werden. Abb. 6.19 und 6.20 zeigen die Momenten- und Geschwindigkeitsverläufe bei einem stehenden Roboter, der im Zeitintervall $0.5s < t < 1s$ durch ein schlagartig einsetzendes Störmoment auf die dritte Achse belastet wird. Die Steuerung ist in allen drei Fällen in der Lage die Störung auszugleichen, für $M_{stör} = 10$ Nm wird die Momentenbegrenzung erreicht, wodurch die Ausregelung etwas länger dauert.

Die Bilder 6.21 bis 6.23 zeigen das Ausregeln einer Störung während eines Bewegungsablaufes. Störmomente, die unterhalb des maximalen Motormoments liegen, können gut ausgeregelt werden. Darüber liegende Störgrößen können eventuell nicht mehr ausgeglichen werden. Abb. 6.23 zeigt, wie die Regeldifferenz für die Geschwindigkeit zunimmt, obwohl bereits das maximale Motormoment (Abb. 6.22) anliegt. Die zugehörigen Bahnverläufe im Raum sind in Abb. 6.21 dargestellt (überhöhte Werte, damit die Abweichungen gut sichtbar werden).

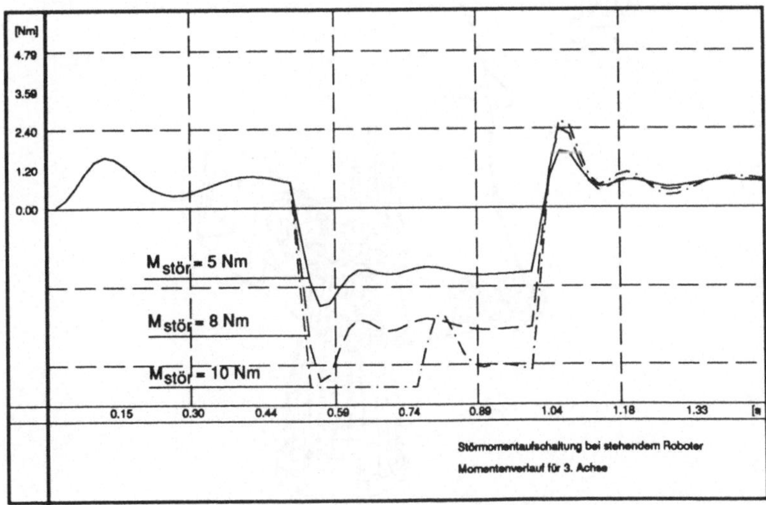

Abb. 6.19: Momentenverläufe bei Störmomentaufschaltung, stehender Roboter

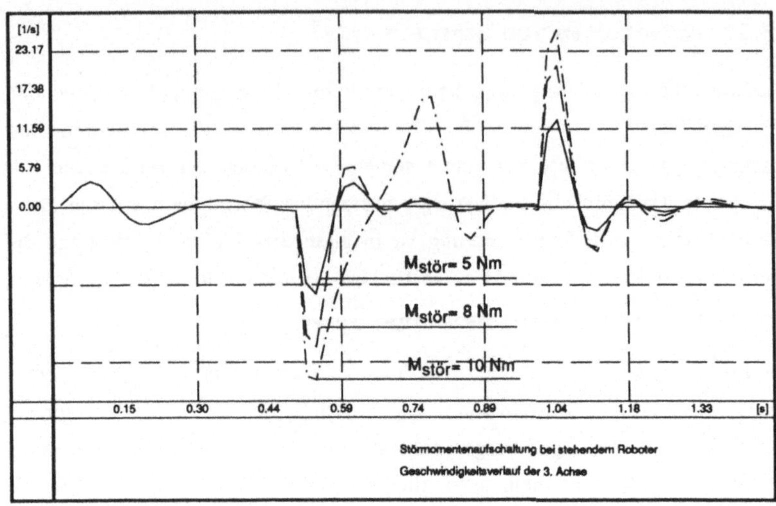

*Abb. 6.20: Geschwindigkeitsverläufe bei stehendem Roboter und Störmoment-
aufschaltung*

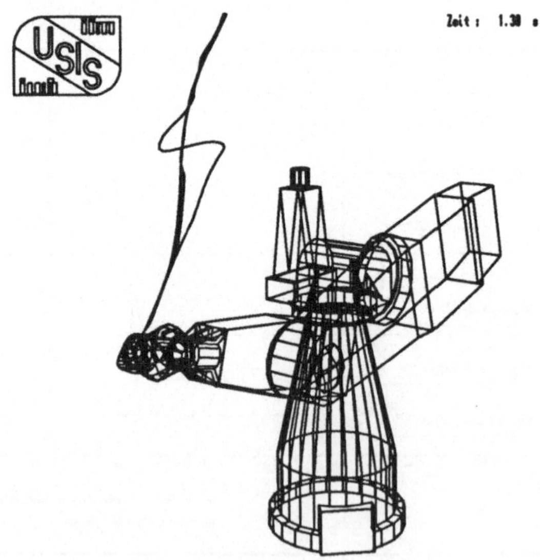

Abb. 6.21: Bahnverläufe bei Störmomentaufschaltung

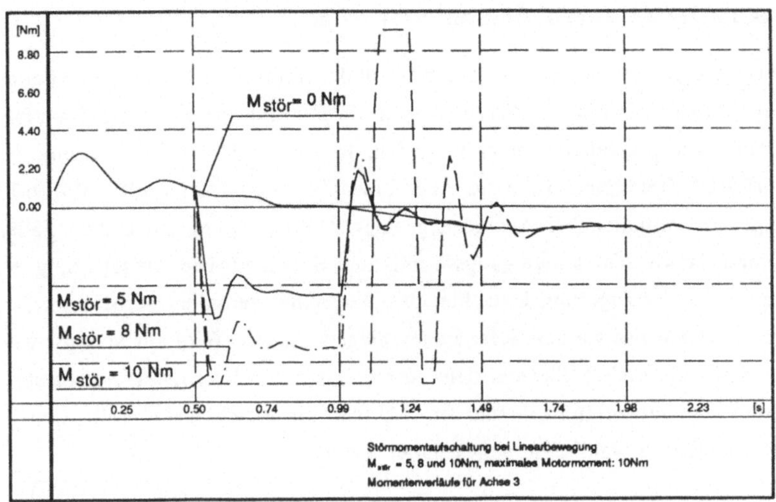

Abb. 6.22: Momentenverläufe bei Störgrößenaufschaltung während der Bewegung

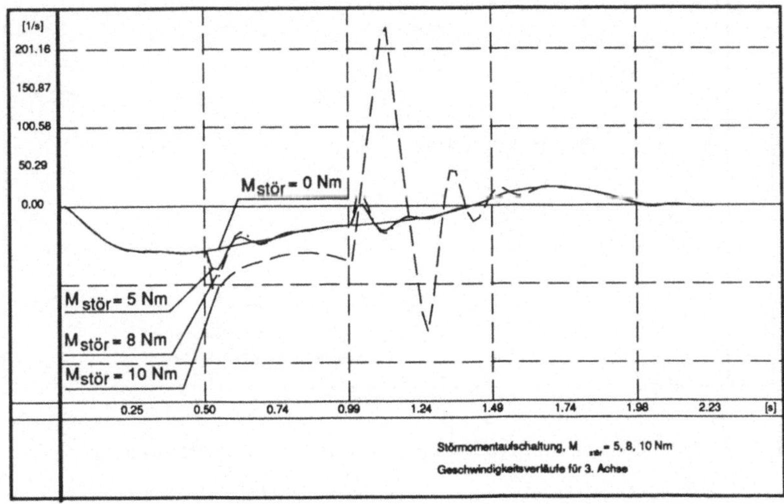

Abb. 6.23: Geschwindigkeitsverläufe bei Störmomentaufschaltung während der Bewegung

6.3.12. Systemverhalten bei NOT-AUS

Bei Betätigen des NOT-AUS-Schalters soll der Roboter so schnell wie möglich
zum Stillstand kommen. Hierzu müssen die Führungsgrößen des Sollwertgenerators entsprechend verändert werden. In Abb. 6.24 ist die Wirkung der
NOT-AUS Betätigung während einer Linearbewegung dargestellt, Abb. 6.25
zeigt das Verhalten bei Ausführung einer PTP-Bewegung. In beiden Fällen
kommt das System schwingungsförmig zum Stillstand. Die Aufschaltung der
maximalen Verzögerung kann hier das Bewegungsverhalten verbessern. Auf
die gleiche Weise werden Softwareanschläge simuliert. Wird ein Maximalwert
für den Achswinkel überschritten, so reagiert der Sollwertgenerator entsprechend. Die Winkelgrenzen sind frei wählbar, die Anschlagskontrolle kann in
der Simulation wahlweise abgeschaltet werden

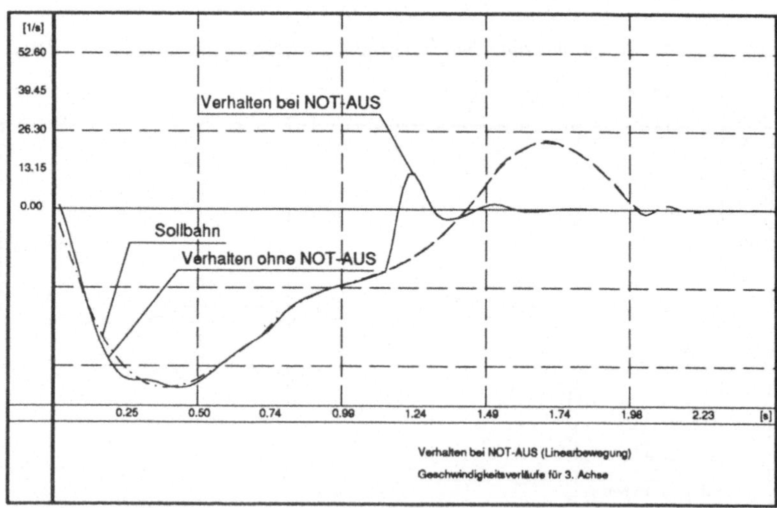

Abb. 6.24: Betätigung von NOT-AUS während einer Linearbewegung

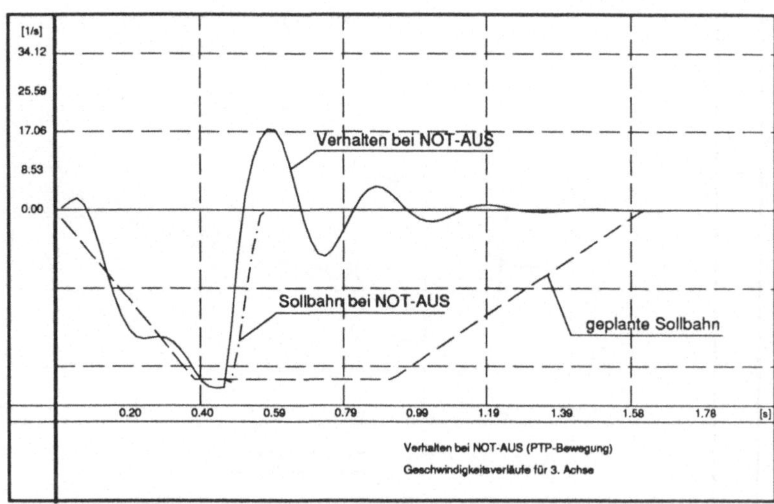

Abb. 6.25: Betätigung von NOT-AUS während einer PTP-Bewegung

6.3.13. Einfluß von Motorinduktivitäten

Das letzte Beispiel berücksichtigt eine unterlegte Stromregelung und reales E-Motorverhalten. Es wird dabei das Steuerungsmodell "Modell 6" nach Abschnitt 5.4.2 verwendet.

Die Motorinduktivität erzeugt bei Sollstromänderungen einen Strom, der dem Ankerstrom entgegengerichtet ist und damit den Effektivstrom zur Momentenerzeugung vermindert. Folge ist eine trägere Reaktion auf schnelle Änderungen der Führungsgröße. Abb. 6.26 zeigt den Verlauf des effektiven Ankerstroms bei verschiedenen Motorinduktivitäten. Die Auswirkungen auf den Geschwindigkeitsverlauf sind Abb. 6.27 zu entnehmen. Hier kommt es zu einer deutlichen "Verschleppung" der Geschwindigkeitsverläufe durch die verzögerte Reaktion auf die Änderungen der Führungsgrößen.

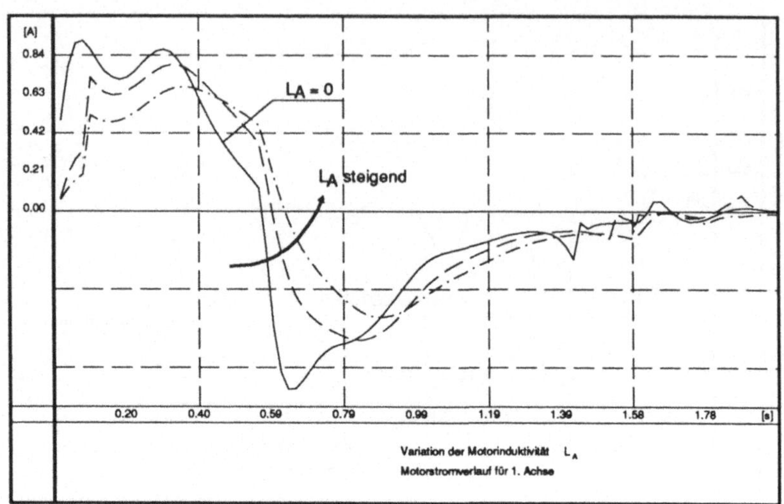

Abb. 6.26: Einfluß von Motorinduktivitäten auf den Ankerstrom

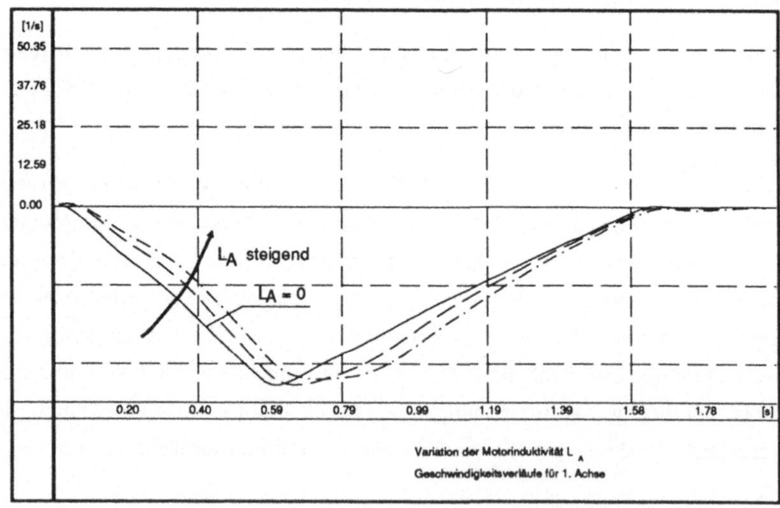

Abb. 6.27: Einfluß von Motorinduktivitäten auf den Geschwindigkeitsverlauf

7 Validierung der simulierten Roboterbewegungen

7.1. Erforderliche Parameterermittlungen

Der jeweilige Abstraktionsgrad bei der Nachbildung von Roboterbewegungen (kinematisch oder dynamisch) erfordert einerseits unterschiedliche Parameter als Eingabegrößen für das Modell, andererseits kann das Ergebnis der Simulation anhand verschiedener Meßwerte verifiziert und iterativ verbessert werden.

Die rein kinematische (ungeregelte) Nachbildung der Geschwindigkeitsverläufe, die z.B. für Taktzeitermittlungen ausreichend ist, erfordert lediglich die Eingabe der Geschwindigkeitsprofile. Die Berechnung der Antriebsbelastungen oder das Schwingungsverhalten beim Anfahren benötigt neben Bewegungssollwerten (Lage und Geschwindigkeit) zusätzlich physikalische und

	mech. Komponente	Steuerung	Gesamtsystem	
Kenngröße	Masse Massenmittelpunkt Trägheitsmomente Trägheitsachsen Reibverhalten Getriebespiel Elastizitäten	Reglerstruktur Reglerparameter Bahnplanungsalgorithmen	Positioniergenauigkeit Wiederholgenauigkeit Eigenfrequenzen Bahngenauigkeit	
Kenngrößenermittlung	Gewichtsbestimmung Messung der Perioden- dauer des schwingenden Objekts DMS - Technik Kraftmessung	Information durch Steuerungsentwickler Online - Bewegungs - datenerfassung	**statisch** Laserinterferometrie Bildauswertung Triangulation mit Theodoliten	**dynamisch** Modalanalyse Frequenzgangmessung Laserinterferometrie Bildauswertung Online - Erfassung der Signale der roboter- eigenen Meßeinrichtungen

Abb. 7.1: Parameterermittlung an einem realen Robotersystem

regelungstechnische Parameter, wie z.B. Massenverteilungen, Trägheitsmomente und -achsen, Reibwerte und Reglerkennwerte. Je besser die Nachbildung sein soll (der Aufwand für die Modellierung muß jeweils gegen das anzustrebende Ergebnis abgeschätzt werden), um so mehr Parameter müssen ermittelt werden und um so exakter müssen diese sein.

Die Parameterfindung gliedert sich in Meßverfahren die an Komponenten des Roboters durchgeführt werden müssen und solche, die am Gesamtsystem vorgenommen werden können. Daneben müssen noch die Eigenschaften der Steuerung herangezogen werden, die sich am einfachsten über Informationen durch die Steuerungsentwickler selbst ermitteln lassen. In Abb. 7.1 sind verschiedenen Systemparametern mögliche Meßverfahren gegenübergestellt. Die Charakteristika des Gesamtsystems sind die Summe der Eigenschaften der Komponenten, vereinigt mit Eigenschaften, die sich durch das Zusammenwirken ergeben. Fehlerhaft ermittelte Parameter der Einzelteile "multiplizieren" sich im Gesamtsystem. Im folgenden soll nach einer Vorstellung möglicher Meßverfahren die online-Erfassung von Winkelencodersignalen erläutert werden.

7.2.　Parameter der Systemkomponenten

Masse, Trägheitsmomente, Lage des Massenmittelpunktes und der Hauptträgheitsachsen der Roboterarmteile sind wesentliche Parameter für dynamische Berechnungen. Da die exakten Zahlenwerte dieser Größen vor dem Zusammenbau bei den Roboterherstellern z. Zt. noch nicht erfaßt werden, können sie im nachhinein nur durch Zerlegen des gesamten Roboters ermittelt werden.

In [89] wird ein Verfahren zur Ermittlung o.a. Parameter erläutert. Hierzu wurde ein Roboter vom Typ Manutec R3 zerlegt und die Armelemente einzeln vermessen. Die Masse einer Komponente wurde mit einer Waage ermittelt, die Lage des Massenmittelpunktes über den Schnittpunkt von Lotlinien. Sind weder die Größe der Trägheitsmomente noch die Lage der Hauptträgheitsachsen bekannt, können diese über Schwingungsmessungen errechnet werden: dazu hängt man das Objekt in sechs verschiedenen Orientierungen an einen

Torsionsdraht mit bekannter Torsionsfederkonstante, mißt die Periodendauer und berechnet daraus das Trägheitsmoment um diese Achse. Über Tensortransformationen erhält man die Größe der Hauptträgheitsmomente und die Lage der Hauptträgheitsachsen.

Es gibt eine Reihe weiterer Meß- und Analyseverfahren zur Ermittlung spezifischer Eigenschaften von Roboterteilen (s. Abb. 7.1). Beispielsweise kann mit FE-Methoden das Verformungsverhalten von Maschinenkomponenten (Antriebsstrang) untersucht [83], oder durch Experimente Getriebeeigenschaften (Spiel, Elastizität) ermittelt werden. An dieser Stelle soll darauf nicht näher eingegangen werden, vielmehr sollen lediglich die Ergebnisse solcher Untersuchungen zur Validierung in die Arbeiten an der Simulation der Dynamik einfließen.

7.3. Regelungstechnische Eigenschaften

Aufgrund der leistungsfähigen Antriebe bei Industrierobotern spielen Wechselwirkungen der Armteile eine untergeordnete Rolle weshalb sich klassische Regler (P, PI, PD, PID), deren Auslegung einfach ist, in der Praxis sehr gut bewährt haben. Für manche Anwendungsfälle würden fortgeschrittene Regelungskonzepte (Feedforward, adaptiv, ...) bessere Ergebnisse liefern. Diese verlangen jedoch die Kenntnis der Systemparameter zur möglichst exakten Beschreibung der Regelstrecke. In [21] ist ein Verfahren angegeben, um die schwer zu bestimmenden Nichtlinearitäten (z.B. Coriolis- und Zentripedalkräfte) abzuschätzen und damit robuste Regelungskonzepte zu entwickeln.

Die Ermittlung regelungstechnischer Eigenschaften über Versuche ist eine mühevolle Angelegenheit. Sinnvoller wäre es, wenn ausreichende Informationen der Steuerungshersteller bezüglich Reglerstruktur und Reglerparameter zur Verfügung stünden. Lediglich die Sollwertvorgabe (Bahnplanung) kann relativ detailliert durch Messungen ermittelt werden (s. 7.4.2).

7.4. Parameterermittlung am Gesamtsystem

7.4.1. Vorstellung verschiedener Meßverfahren

Die Kenngrößen des Gesamtsystems können aufgeteilt werden in physikalische und regelungstechnische Parameter, wobei teilweise nicht strikt getrennt werden kann. Beispielsweise kann die Wiederholgenauigkeit durch mechanische Verbesserungen (spielfreie Getriebe) und die passende Wahl der Reglerstruktur erhöht werden.

Die möglichen Meßverfahren gliedern sich in Messungen, die am stehenden Roboter vorgenommen werden können und solchen, die am bewegten System durchgeführt werden müssen.

Eine Modalanalyse dient beispielsweise dazu, die **Eigenfrequenzen eines mechanischen Systems** zu ermitteln. Die Kenntnis dieser Werte ist sehr nützlich, da hiermit das Anregen unerwünschter Schwingungen vermieden werden kann.

In [100] wird ein Verfahren vorgestellt, mit dem sich die **Bahngenauigkeit beim Abfahren von linearen Bahnen** relativ genau messen läßt. Dazu wird ein System von Reflektoren an der Roboterhand befestigt und ein Laserstrahl exakt in Bahnrichtung ausgerichtet. Aus der Ablenkung des Laserstrahls nach der Reflexion kann sowohl die Position als auch die Orientierung des TCP-Koordinatensystems berechnet werden. Das Ergebnis kann einerseits dazu genutzt werden, die Güte des verwendeten Reglers zu überprüfen (Schwingungsverhalten), andererseits können nach einer Filterung der Daten (Glättung der Schwingungen) die Kennwerte der Bahnplanung ermittelt und in die Simulation übernommen werden.

Weitere Meßverfahren, mit denen Wiederholgenauigkeit, Schwingungsverhalten u.ä. ermittelt werden können finden sich in [26,56,72], Methoden zur Verbesserung dieser Kennwerte in [39,79,87]. Ein Meßverfahren, mit dem sich die **Bahnplanung für ein breiteres Spektrum an Roboterbewegungen** als in [100] angegeben, ermitteln läßt, wurde im Rahmen dieser Arbeit entwickelt und soll im folgenden vorgestellt werden.

7.4.2. Beispiel: Messen der Winkelencodersignale

Um Bewegungen möglichst exakt nachbilden zu können, ist es nötig, genaue Kenntnis über die Geschwindigkeitsverläufe zu haben. Da es jedoch in der Regel nicht möglich ist, von den Roboterherstellern ausreichende Informationen bezüglich der Steuerungseigenschaften zu erhalten, wurde eine, von einem PC ansteuerbare, Platine zur Messung der Winkelencodersignale (inkrementale Drehgeber) eines Roboters entwickelt [85]. Hiermit können die Impulse der inkrementalen Drehgeber von Robotern mit bis zu sechs Achsen gezählt, aufbereitet und abgespeichert werden.

Die Aufzeichnung der Bewegungsdaten mittels der entwickelten Platine hat zwei Ziele:

a)   Einerseits soll über die Geschwindigkeitsverläufe das Steuerungsverhalten (Bewegungszeitfestlegung, Höhe der Beschleunigungs- und Maximalgeschwindigkeitswerte, Eckzeiten, ...) etwas transparenter gemacht werden, um exaktere Vorgaben für die rein kinematische (in Echtzeit berechenbare) Bewegungsplanung in der Simulation zu erhalten. Weiterhin kann damit untersucht werden, wie sich Geschwindigkeitskommandos (z.B. SPEED 50) und das Einschalten der Überschleiffunktion (CP = Continuous Path) auf das Bewegungsprofil auswirken, d.h. es soll untersucht werden, ob damit nur der maximale Geschwindigkeitswert geändert oder auch die Beschleunigungswerte beeinflußt werden.

b)   Auf der anderen Seite soll die dynamische Berechnung des Bewegungsverhaltens anhand der Meßwerte validiert werden. Aus den Meßwerten können die entsprechenden Geberfunktionen für die, mittels User-Written-Functions implementierten Steuerungsalgorithmen, berechnet werden. Durch den Vergleich mit den realen Meßwerten ist es wiederum möglich über Parameteranpassungen (physikalische Daten, Reglereinstellungen) die Güte des simulierten Modells zu verbessern (s. Abb. 7.2).

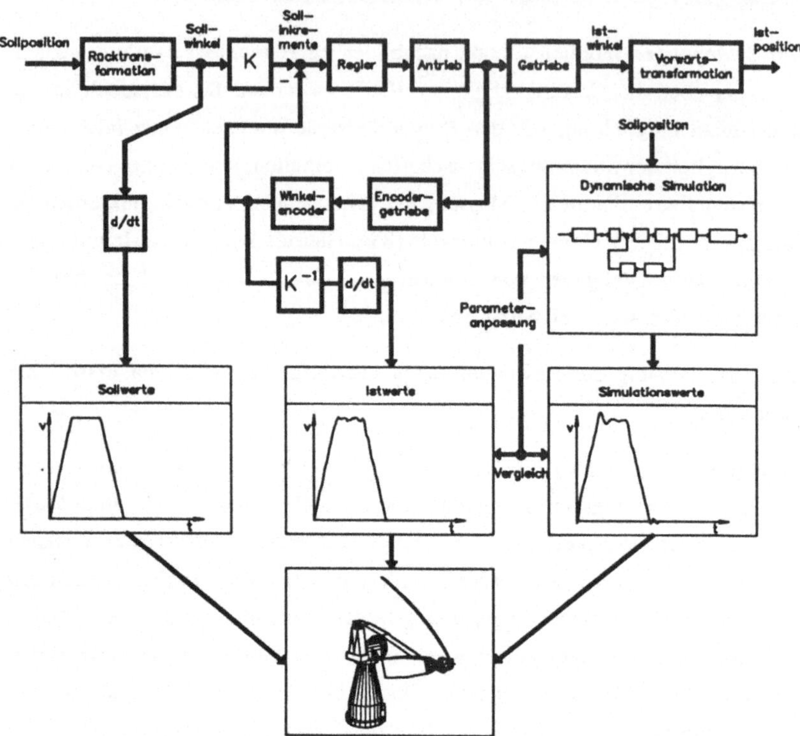

*Abb. 7.2: Validierung eines Simulationsmodells durch online-Achsgeschwin-
digkeitsmessung*

7.4.2.1. Meßaufbau

Der verwendete Roboter vom Typ PUMA 762 bezieht die für den Lageregelkreis nötigen Istwerte der Achsen aus den Signalen von inkrementalen Dreh-
gebern. Diese sind jeweils fest mit der Motorwelle eines Achsantriebs gekoppelt.

Inkrementale Drehgeber arbeiten mit photoelektrischer Abtastung. Die Abtastung geschieht mit zwei Reihen von Photoelementen, die so angeordnet sind,
daß sie bei Bewegung der Drehgeberwelle zwei, um 90° versetzte, annähernd

sinusförmige Signale liefern. Der zeitliche Versatz der Spannungen U_{a1} und U_{a2} dient der Richtungserkennung. Die Signale werden mit Hilfe von Komparatoren in rechteckförmige Spannungen gewandelt und der Steuerung zugeführt (Abb. 7.3).

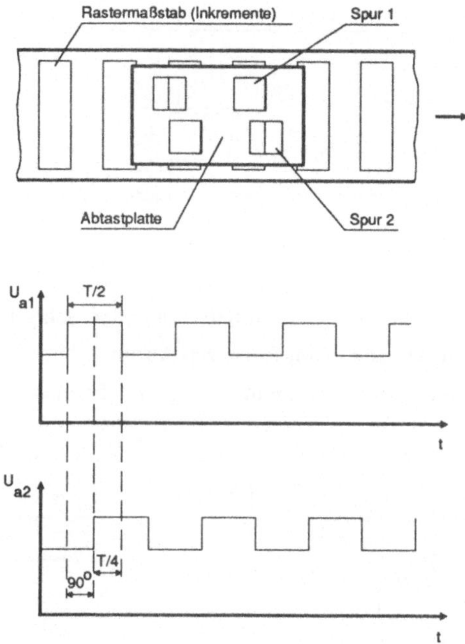

Abb. 7.3: Prinzip der Signalerzeugung und Verlauf der Signalspannungen eines Winkelencoders

Der Abgriff für die Messung erfolgt am Steuerschrank, direkt vor der roboterinternen, signalverarbeitenden Platine, mittels eines T-Steckers, die Weiterverarbeitung geschieht mit Hilfe eines PC (Abb. 7.4).

Um zwei, um 90° phasenverschobene Signale verarbeiten zu können, wurde von Texas Instruments der CMOS-Baustein "THCT 2000" mit TTL-kompatiblen Eingängen entwickelt. Im Hinblick auf eine nachfolgende Datenverarbeitung mittels eines Prozessors erhielt dieser kaskadierbare 16-bit Zähler einen 8-bit parallelen Tri-State Ausgang. Über diese Schnittstelle können

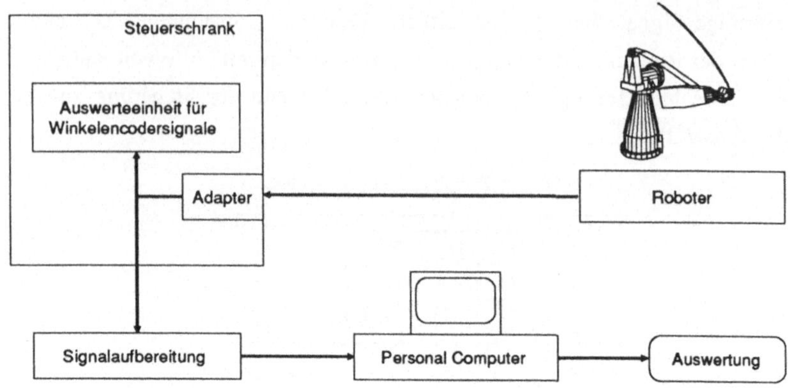

Abb. 7.4: Meßaufbau

Daten mit einem Mikroprozessor mittels einfacher Schreib- und Leseprozeduren ausgetauscht werden. Zum Einsatzspektrum gehört die Richtungserkennung, Impulszählung, Impulsweitenmessung und Frequenzmessung.

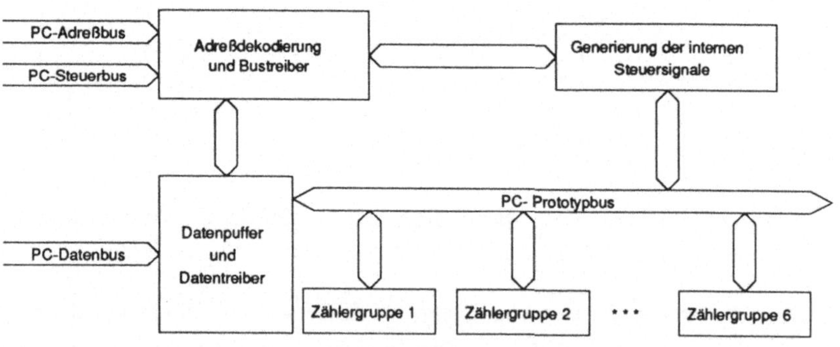

Abb. 7.5: Hardware-Struktur der Meßplatine

Die entwickelte Prototyp-Platine enthält sechs von diesen Zählerbausteinen (für jede Achse einen) und zusätzliche ICs zur Ansteuerung und zum Abfangen eines Zählerüber- oder -unterlaufs. Die Hardwarestruktur ist aus Abb. 7.5 ersichtlich.

7.4.2.2. Softwareanforderungen

Die Lageregelung des verwendeten Manipulators arbeitet mit einer Frequenz von ca. 35 Hz in der Meßwertrückkopplung. Um in der Echtzeitsimulation einen homogenen Bewegungsablauf zu erzielen, ist eine Frequenz von wenigstens 20 Hz nötig, d.h. es müssen alle 50 ms neue Achswerte berechnet und dargestellt werden. Insgesamt ergibt sich somit im Hinblick auf einen Vergleich mit den Simulationswerten und im Hinblick auf einen möglichen späteren Einsatz für eine externe Lageregelung des Roboters die Forderung nach einer einstellbaren Meßzykluszeit von ca. 20 ms bis 50 ms (die Zählerstände der 6 THCT 2000 sollten der Einfachheit halber in äquidistanten Zeitabständen abgeholt werden). Abgeschätzt werden muß deshalb, ob die Arbeitsgeschwindigkeit und die Speicherkapazität des PC ausreichend ist.

<u>Zulässige Befehlsanzahl innerhalb eines Meßzyklus</u>

Die Taktfrequenz des verwendeten PCs liegt bei 10 MHz. Der Informationsaustausch zwischen den einzelnen Rechnerkomponenten geschieht auf einem 8-bit-Bus. Aufgrund dieser Konfiguration liegt die Zykluszeit des Prozessors zur Abarbeitung eines Befehls (Ein-/Ausgabe, Zeichenketten- oder mathematische Funktion, Daten vergleichen oder konvertieren, ...) im Mittel bei etwa 10 Mikrosekunden. Aus der maximalen Zähleranzahl (6) und der geforderten minimalen Meßzykluszeit (20 ms) läßt sich die Anzahl der zulässigen Befehle abschätzen:

$$\textit{zulässige Befehlsanzahl pro Achse} = 20ms\ /\ (10\mu s \cdot 6) = 333$$

Insgesamt sind also für die Schleifeninitialisierung für jede einzelne Achse (innere Schleife), das Dateneinlesen und die Datenauswertung 333 Befehle maximal zulässig. Zusätzlich sind zu Beginn eines Meßzyklus (äussere Schleife) ein paar Befehle zum Rücksetzen der Einlese-Ports nötig. Die Bilanz sieht folgendermaßen aus (worst case):

Schleifeninitialisierung   12   *Befehle*

Daten einlesen   9   *Befehle*

Datenauswertung   6   *Befehle*

----

insgesamt   **27**   **Befehle**

Die zulässige Befehlsanzahl wird weit unterschritten, die geforderte Meßzykluszeit von 20 ms kann also leicht eingehalten werden; bei Zeitproblemen könnte die Datenauswertung außerdem auch nach der Messung erfolgen, womit sich weitere sechs Befehle einsparen ließen.

<u>Nötige Speicherkapazität</u>

In einem PC ohne DMA (Direct Memory Access) müssen die Meßwerte im Arbeitsspeicher zwischengelagert und bei vollem Speicher auf die Platte geschrieben werden. Bei einer Plattenzugriffszeit > 20 ms würde hierbei jedoch ein Sprung in der Meßwertaufzeichnung auftreten. Es muß deshalb abgeschätzt werden, wieviele Meßwerte ohne Plattenzugriff im Arbeitsspeicher gehalten werden können.

Ein handelsüblicher PC besitzt 512 kByte RAM. Von diesem Speicherplatz stellt Turbo Pascal 64 kByte für Datenoperationen zur Verfügung. Ein abzuspeichernder Datensatz besteht aus 6 Werten zu je 6 Byte (REAL-Wert). Damit könnten rund 1500 Datensätze gemessen werden (Speicherplatz für Hilfsvariablen bereits abgezogen). Bei einer Meßzykluszeit von 20 ms erhält man eine Meßzeit von 30 s (worst case). Dies würde ausreichen um ca. 5 "durchschnittliche" Roboterverfahrsätze zu protokollieren. Werden die von den Zählern gelieferten Werte (bestehend aus Highbyte, Lowbyte und Überlauf/Unterlauf) nicht ausgewertet, sondern direkt abgespeichert (3 Byte) und die Meßzykluszeit auf 50 ms hochgesetzt, könnte man sogar fünfmal so lange (150 s) ohne Plattenzugriff messen.

7.4.2.3. Programmaufbau

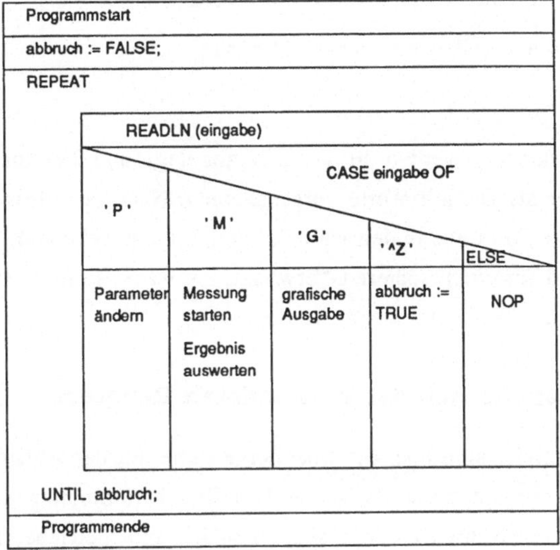

Abb. 7.6: Struktogramm des Hauptprogramms

Die Software zum Messen der Winkelencodersignale wurde in Turbo Pascal programmiert. Nach dem Aufruf hat man in der obersten Menüebene die Wahlmöglichkeiten

- "Parameter ändern"

- "Messung starten"

- "Ergebnisse darstellen"

- "Programm beenden" (Abb. 7.6).

Der Menüpunkt "Parameter ändern" verzweigt auf ein Untermenü in dem folgende Werte geändert werden können:

- Meßmodus (Winkel oder Winkelgeschwindigkeit),

- Anzahl der zu messenden Achsen,

- Anzahl der Meßzyklen,

- Zykluszeit,

- Dateiname für die Abspeicherung der Werte,

- Drehgeberdaten (Übersetzungsverhältnisse),

- Startwinkel.

Sämtliche Parameter werden in Dateien abgelegt und bei einem erneuten Programmstart als Default-Werte vorgeschlagen. Nach der Messung kann das Ergebnis in der Form wie in den Abb. 7.7 und 7.8 angegeben am PC graphisch dargestellt und für einen späteren Verwendungszweck (Plotten, Übernahme in die Simulation, ...) abgespeichert werden.

7.4.2.4. Besonderheit des verwendeten Roboters

Die Winkelencoder sind über ein Encodergetriebe mit der Antriebseinheit der jeweiligen Achse gekoppelt. Zwischen dem Gleichstrommotor und der eigentlichen Bewegungsachse befindet sich ebenfalls ein Getriebe. Das Übersetzungsverhältnis zwischen den gezählten Inkrementen und dem Drehwinkel der jeweiligen Achse ist somit das Produkt aus beiden Getriebeübersetzungen (s. Abb. 7.2). Zum einen kann durch diese Anbringung die Auflösung des Meßsystems erhöht werden da die Motoren wesentlich mehr Umdrehungen machen als die Roboterachsen (Übersetzung > 1:50), zum anderen stellt diese Maßnahme jedoch einen Nachteil dar, da Fehler wie Getriebespiel und Wellenelastizität unberücksichtigt bleiben.

Da keine Unterlagen über die einzelnen Übersetzungsverhältnisse vorhanden waren, mußte der Faktor zur Umrechnung Inkremente - Drehwinkel über Messungen ermittelt werden. Die Bewegung der drei Grundachsen geschieht unabhängig voneinander; es läßt sich hierfür eindeutig ein Übersetzungsverhältnis ausrechnen. Komplizierter ist der Zusammenhang bei den Handachsen: aufgrund der Anordnung der Getriebe in der Roboterhand müssen z.B bei Bewegung der vierten Achse die Antriebe der fünften und sechsten Achse eine Ausgleichsbewegung durchführen, damit diese Achsen sich effektiv nicht bewegen. Analog muß sich bei Bewegung der fünften Achse der Antrieb der sechsten Achse mitbewegen. Die Bestimmung der Drehwinkel der Handachsen ergibt sich somit sukzessive aus folgenden Rechenvorschriften:

$$Winkel4 = Ink4 / DG4, \tag{7.1}$$

$$Winkel5 = (Ink5 - Winkel4 \cdot KF45) / DG5, \tag{7.2}$$

$$Winkel6 = (Ink6 - Winkel4 \cdot KF46 - Winkel5 \cdot KF56) / DG6, \tag{7.3}$$

mit:

Inki: gezählte Inkremente des Antriebs i (vorzeichenbehaftet),

KFij: Anzahl der Inkremente der Achse j bei Drehung der Achse i um 1° (vorzeichenbehaftet), [Inkremente/Winkelgrad],

DGi: Drehgeber-Getriebefaktor der Achse i [Inkremente/Winkelgrad]

7.4.2.5. Meßergebnisse

Für den verwendeten Roboter vom Typ PUMA 762 (VAL II-Steuerung) konnten folgende Zusammenhänge für point-to-point-Bewegungen ermittelt werden:

a) <u>Einfluß einer SPEED-Anweisung auf die Bewegung einer einzelnen Achse</u>

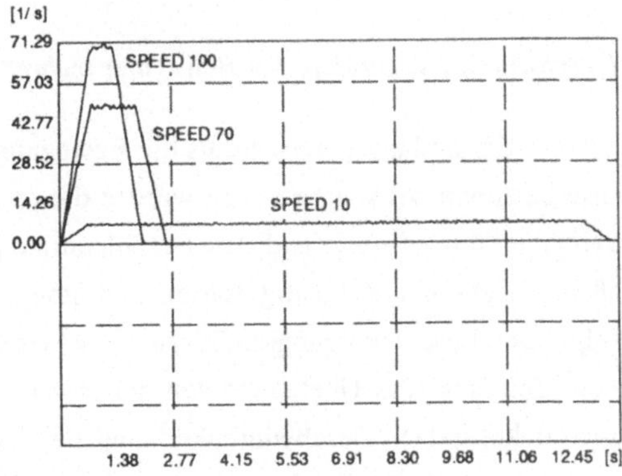

Abb. 7.7: Einfluß einer SPEED-Anweisung auf eine Achsbewegung

Offensichtlich hat eine Geschwindigkeitsanweisung auch einen Einfluß auf die Beschleunigungs- und Verzögerungswerte. Die bei "SPEED 100" eingestellten Werte für die drei Kenngrößen (Maximalgeschwindigkeit, Beschleunigungs- und Verzögerungswert) werden mit 1/100 des aktuellen Geschwindigkeitsfaktors multipliziert (Abb. 7.7).

b) <u>Punkt-zu-Punkt-Bewegung mehrerer Achsen</u>

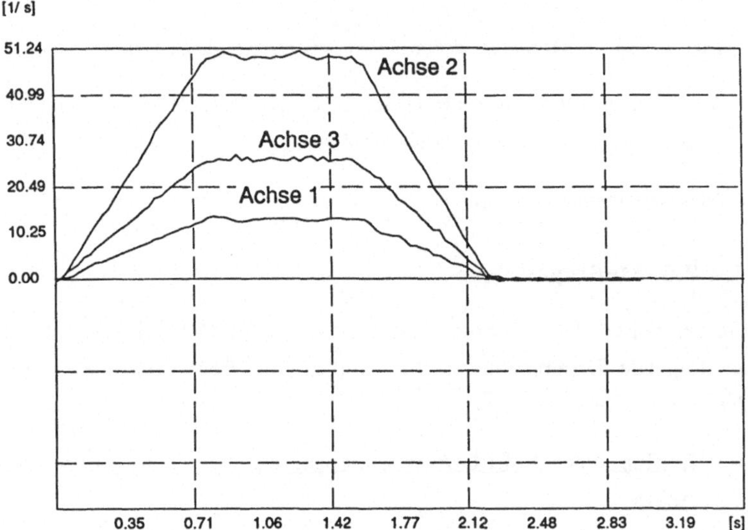

Abb. 7.8: Geschwindigkeitsverläufe bei Bewegung mehrerer Achsen

Zunächst wird die Gesamtbewegungszeit als die Bewegungszeit der langsamsten Achse bestimmt. Abhängig davon werden die restlichen Achsen in ihrer Maximalgeschwindigkeit und den Beschleunigungswerten reduziert, so daß alle Achsen gleichzeitig starten und stoppen können. Zusätzlich erfolgt, um Beschleunigungsstöße zu verschiedenen Zeiten zu vermeiden, der Zeitpunkt des Übergangs von der Beschleunigungsphase in die Phase mit konstanter Geschwindigkeit und der Übergang in die Bremsphase in allen Achsen gleichzeitig. Aus diesen Vorgaben lassen sich die Geschwindigkeitsprofile für alle Achsen eindeutig ausrechnen (Abb. 7.8).

c) Bewegung mehrerer Achsen und Vorgabe einer zusätzlichen Geschwindigkeitsanweisung

Die Bahnplanung ist in diesem Fall die Kombination aus den oben erwähnten Gesetzmäßigkeiten, falls die langsamste Achse die konstante Sollgeschwindigkeit erreicht. Unklarheit besteht z. Zt. noch über die steuerungsinterne Festlegung der Kenngrößen, falls keine Achse ihre maximale Geschwindigkeit (aufgrund kleiner abzufahrender Winkel) erreichen kann.

7.4.2.6. Grenzen des Meßsystems

Neben den Einschränkungen, die aufgrund des verwendeten Rechners und der Software gelten (s. o.), gibt es systembedingte Schwächen und Genauigkeitsgrenzen bei der entwickelten Hardware.

a) Wiederholgenauigkeit

Die Wiederholgenauigkeit des Meßsystems läßt sich nur in Zusammenhang mit der Wiederholgenauigkeit des Roboters sehen. Systembedingt können Anteile des Gesamtfehlers weder eindeutig dem Roboter noch dem Meßsystem zugeordnet werden. Zur Ermittlung dieses Kennwertes fährt der Roboter "genügend oft" den gleichen Winkelbereich ab. In der Inkrementen-Ebene ergab sich hieraus beim zwanzigmaligem Abfahren des gleichen Winkels (90°) keine Abweichung.

b) Absolutgenauigkeit

Unter Absolutgenauigkeit soll hier die Genauigkeit gegenüber dem von der Robotersteuerung zur Verfügung gestellten, ebenfalls nur über die Signale der Winkelencoder ermittelten Differenzwinkeln, verstanden werden. Nicht berücksichtigt werden hier systembedingte Fehler des Meßsystems (+/- 1 Inkrement), Fertigungstoleranzen zwischen Motor und Achse, Getriebespiel und Elastizitäten. Aus Abb. 7.9 ergibt sich eine

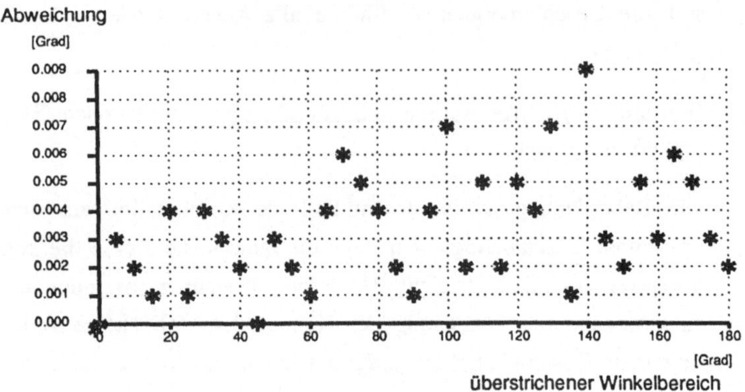

Abb. 7.9: Absolutgenauigkeit des Meßsystems

maximale Abweichung der gemessenen Werte gegenüber den von der Robotersteuerung gelieferten Werten für den überstrichenen Winkelbereich von weniger als 0.01°. Da die Wiederholgenauigkeit des Meßsystems sehr gut ist (s.o.), gilt eine Markierung in Abb. 7.9 stellvertretend für jeweils mehrere Messungen des gleichen Winkels. Eine über den ganzen Winkelbereich ungefähr gleichbleibende Abweichung deutet auf die Korrektheit der experimentell ermittelten Drehgeber-Getriebefaktoren hin.

c)   <u>Güte der Meßsignale</u>

Der Zählerbaustein THCT 2000 ist in der Meßart "richtungserkennendes Zählen" in den Modi Einfach-, Zweifach- und Vierfachauswertung betreibbar. Im Modus "Einfachauswertung" wird nur die steigende Flanke des Signals U_{a1}, im Modus "Zweifachauswertung" die steigende und fallende Flanke von U_{a1} ausgewertet. Die Richtungserkennung geschieht durch eine interne Logik, die die Aufeinanderfolge der beiden Signalspannungen auswertet. Im Modus "Vierfachauswertung" wird zusätzlich die steigende und fallende Flanke von U_{a2} herangezogen. Tritt eine Verzerrung der Drehgebersignale auf, eine Impulsweitenänderung durch zu große Belastung, eine Abweichung der Inkrementabmessungen durch

Fertigungstoleranzen oder eine Beschädigung der Inkrementenscheibe, so kann der THCT 2000 manche Impulse nicht mehr erkennen; sie gehen für das Zählergebnis verloren. Dieser Effekt wirkt sich vor allem bei der Vierfachauswertung aus, da hier beide Signale gemessen werden. Unter Umständen erreicht man hiermit ein schlechteres Ergebnis als bei Einfach- oder Zweifachauswertung.

d)   <u>Zählerüberlauf</u>

Hard- und Software sind so ausgelegt, daß Zählerstände im Bereich -2^{23} bis $2^{23}-1$ ohne Zählerüberlauf eindeutig gemessen werden können. Die zweite Roboterachse hat die höchste Auflösung mit ca. 300 Inkrementen/Winkelgrad (Einfachauswertung). Beim Start der Messung mit 0 Inkrementen könnte im Falle der Vierfachauswertung somit ein Winkelbereich von ca. 7000° eindeutig gemessen werden. Der abfahrbare Winkelbereich in dieser Achse liegt nur bei 220°, so daß für diese Anwendung korrekte Winkelwerte berechnet werden können.

7.4.2.7. Erweiterungsmöglichkeiten

Mit der entwickelten Hardware und Software können Winkelencodersignale eines sechsachsigen Roboters erfaßt, ausgewertet und abgespeichert werden. Die Meßwertaufnahme ist so schnell, daß bei einer Periodendauer von 28 ms in der Meßwertrückkopplung noch genügend Zeit bleibt, um zusätzliche Steuerbefehle (z. B. für eine Regelung) zu generieren. XT-PCs bieten die Möglichkeit, 32 Chip-Select Signale zu erzeugen, wovon 23 für das Einlesen der Daten und die Signalaufbereitung benötigt werden. In Kombination mit einem 8-Bit Datenwort ließen sich aus den verbleibenden 9 Signalen bis zu 2295 Steuerbefehle erzeugen.

Die Hardware ist zur Aufnahme von Quadratursignalen ausgelegt. Damit kann jedes Meßsystem, welches zwei um 90° phasenverschobene Signale liefert, angeschlossen werden. Die Meßmöglichkeiten wären also, über rotierende Achsen hinaus, z.B. auch einsetzbar für Vorschubmessungen bei Werkzeugmaschinen und Wegmessungen bei Transportmitteln.

Mit der PC-Einschubkarte konnten für die Simulation wichtige Steuerungseigenschaften der VAL II-Robotersteuerung ermittelt werden. Die Meßwerte haben Eingang gefunden in die kinematische Bahnplanung der Simulationsroboter womit sehr exakte Taktzeitbestimmungen möglich sind. Zusammen mit der Messung der Motorströme (Motormomente) kann in Zukunft das dynamische Verhalten der Roboter ermittelt und das Simulationsmodell weiter verbessert werden.

7.5.　　Vergleich von Simulation und Messung

Die in Abschnitt 6.3 zu Grunde gelegte Referenzbewegung des PUMA762 wurde am realen System mit dem o.a. Meßaufbau durchgeführt um die Bahnplanungssollwerte zu ermitteln. Der Vergleich der Meßergebnisse mit denen der Simulation der Dynamik ergab trotz des relativ einfachen Aufbaus der simulierten Steuerung gute Übereinstimmung. Abb. 7.10 zeigt für Achse 3 beide Kurvenverläufe zusammen mit den Werten der Idealbahn. Die anfänglichen Überschwingungen der simulierten Bewegung beruhen darauf, daß das

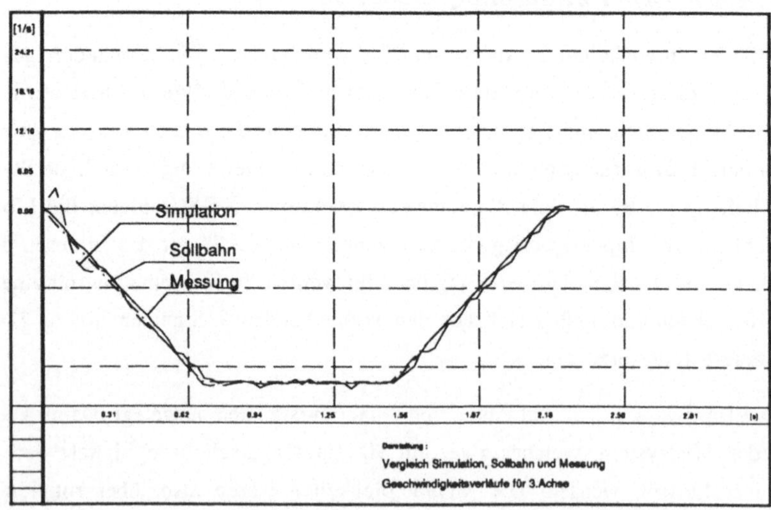

Abb. 7.10: Geschwindigkeitsprofile von Achse 3 (Sollwerte, Meßwerte, dynamisch gerechnete Werte)

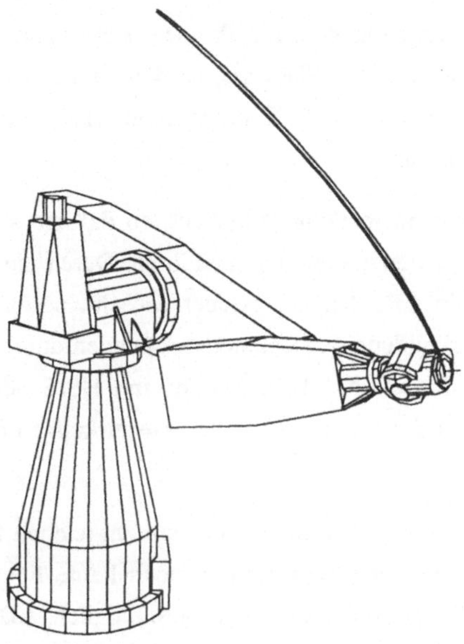

*Abb. 7.11: Bahnverlauf der Roboterhand mit Meßwerten, dynamisch gerechne-
ten Werten und Solldaten*

Simulationsmodell über keine Bremsen verfügt, das reale System diese Bremsen aber solange geschlossen hält, bis sich ein ausreichendes Moment aufgebaut hat, um ein Durchsacken auf Grund der Schwerkraft zu verhindern. Der
Roboter verfährt hier mit 70% seiner Maximalgeschwindigkeit, bei schnelleren
Bewegungen werden die Überschwingungen bei der Simulation der Dynamik
etwas größer, was durch die Reglerparameterabstimmung korrigiert werden
kann.

7.6. Zusammenfassende Bemerkungen

Die nötigen Module zur Simulation der Dynamik mit ADAMS wurden im
Rahmen dieser Arbeit erstellt. Die möglichen Einsatzgebiete reichen von
Auslegungsbetrachtungen (z.B. Dimensionierung der Antriebe) über die Aus-
wahl von Steuerungskonzepten bis hin zur Optimierung der den Bewegungs-

ablauf bestimmenden Komponenten. Ein Problem stellt dabei aber immer die Ermittlung der nötigen Eingabegrößen dar, da diese teilweise bei den Roboterherstellern vorhanden sind (z.B. Reglerstruktur und -parameter), jedoch nicht weitergegeben werden.

Die Programmteile wurden modular aufgebaut, so daß sie sich leicht modifizieren lassen um Parameterstudien durchzuführen. Durch die Versorgung mit realen Parametern, wie z.B. den gemessenen Geschwindigkeitswerten kann eine recht genaue Nachbildung der Roboterbewegungen durchgeführt werden. Die Art der Ergebnisdarstellung als Animation mit USIS oder in Form von Diagrammen erleichtert die Interpretation der Auswirkungen dynamischer Effekte erheblich.

Aufgrund der Struktur von ADAMS und der umfangreichen Rechenoperationen können mit den vorhandenen Rechnern noch keine Echtzeitverhältnisse erreicht werden (s. 6.3.10). Außerdem ist es nicht möglich, ADAMS als Modul in USIS einzubinden, weshalb der Datenaustausch der Programme über Dateien geschehen muß und somit zusätzlich Zeit benötigt wird. Abhängig vom Anwendungsfall muß deshalb entschieden werden, ob es sein muß, Bewegungen unter Berücksichtigung der Dynamik (s. Kap. 4 bis 6) durchzurechnen oder die in Kap. 3 beschriebene rein kinematische Bahnplanung zu nutzen.

8 Zusammenfassung und Ausblick

Die Bewegungssimulation stellt eine wesentliche Komponente bei den zahlreichen Simulationsanwendungen im Industriebetrieb dar. In der vorliegenden Arbeit wurde nach einem kurzen Abriß über den Leistungsumfang die Modellbildung für kinematische Strukturen, insbesondere für Industrieroboter, aufgezeigt. Die beschriebene Modellbildung gilt aber darüber hinaus nicht nur für handelsübliche Roboter, sondern kann sinngemäß auf beliebige Mehrkörpersysteme, deren Elemente durch Translations- und Rotationsachsen miteinander verbunden sind, erweitert werden. Ausgehend von der bereits vorhandenen geometrischen Beschreibung der Robotereinzelteile wurde der kinematische Aufbau und besonders das Problem der Rücktransformation behandelt. Die Rücktransformation stellt die Grundlage zur Bahnplanung im karthesischen Arbeitsraum dar.

Zur Berechnung der Dynamik wurde kein eigenes Programm zur Aufstellung und Lösung der Bewegungsgleichungen entwickelt, sondern der Einsatz käuflich erwerbbarer Software untersucht und die nötigen Schnittstellen diskutiert und ausprogrammiert. Hierdurch ist auch zu erklären, daß nicht so viel Wert auf theoretische Grundlagen zur MKS-Dynamik gelegt wurde, sondern vielmehr die Integration verschiedener Systeme zur Erzielung eines Optimums an Leistung und Benutzerfreundlichkeit betrachtet wurde.

In der Zukunft muß angestrebt werden, die entwickelten Module mit realen Parametern zu versorgen, um ein leistungsfähiges Werkzeug zur Planung und Auslegung von Fertigungseinrichtungen, insbesondere von Robotern, zur Verfügung zu haben. Sehr hilfreich ist zur Ermittlung verschiedener Kenngrößen der beschriebene Meßaufbau.

Die Lösung des Problems der allgemeinen Rücktransformation kann um Gütefunktionen erweitert werden, um, besonders bei kinematischen Strukturen mit mehr als sechs Freiheitsgraden, eine gewünschte Zielkonfiguration (die z.B. durch minimale potentielle Energie der Kinematik gekennzeichnet ist) so gut wie möglich anzunähern. Es handelt sich dann im mathematischen Sinne um ein nichtlineares Optimierungsproblem mit der Randbedingung "Lösung der kinematischen Gleichung". Für dieses Standardproblem der Numerischen Mathematik existieren Programme [37], deren Integration in die vorhandenen Module untersucht werden muß.

Bezüglich der Simulation der Roboterdynamik wurden beispielhaft Module zur Nachbildung verschiedener Systemeigenschaften zur Verfügung gestellt. Diese Programmteile sind so strukturiert, daß sie sehr leicht erweitert werden können um z.B. fortgeschrittene Regelungskonzepte zu implementieren oder Parametervariationen durchzuführen.

Innerhalb des Simulationssystems USIS stellen die in dieser Arbeit vorgestellten Verfahren einerseits eine wesentliche Komponente dar. Auf der anderen Seite war das vorhandene Programm USIS durch seine Anschaulichkeit eine sehr geeignete Testumgebung zur Verifikation der Algorithmen.

Literaturverzeichnis

[1]   *Abele, E.:* "Robotereinsatz in der modernen Fertigungstechnologie". In: Dorr, H.J.; Oess, A. (Hrsg.): Industrie-Roboter-Einsatz - Grenzen und Möglichkeiten. In: RKW-Schriftenreihe Mensch und Technik. Eschborn, 1985, S. 189-213

[2]   *Ackermann, J.:* Abtastregelung. Berlin : Springer, 1988

[3]   *Adler, A.:* "Höhere Flexibilität von Produktionsanlagen durch Off-Line-Programmierung der Industrieroboter". In: ZwF 83 (1988) 7, München, S. 364-367

[4]   *Benhabib, B.; Goldenberg A.A.; Fenton, R.G.:* "Optimal Continous Path Planning for Seven-Degrees-of-Freedom Robots". In: J. Eng. f. Ind., (1986) Vol.108, S. 213-218

[5]   *Bickendorf, J.:* "Allgemeingültige Kinematikbeschreibung von Industrierobotern auf der Grundlage von Biquaternionen". In: ZwF 5 (1988), München, S. 260-264

[6]   *Bolle, H.:* "Intelligenz aus dem Odenwald". In: Roboter (1987) 5, S. 50-52

[7]   *Bronstein, I.N.; Semendjajew, K.A.:* Taschenbuch der Mathematik. Leipzig : Teubner, 1979

[8]   *Cawi, I.; Wambach, R.:* "Fortschrittliche Lagerregelung einer Roboterachse". In: Robotersysteme 4 (1988), S. 172-176

[9]   *Chace, M.A.:* "Methods and Experience in Computer Aided Design of Large-Displacement Mechanical Systems". In: Computer Aided Analysis and Optimization of Mechanical System Dynamics, J. Haug (ed.), Berlin : Springer, 1984, S. 233-259

[10] *Denavit, J.; Hartenberg, R.S.:* "A kinematic notation for lower pair mechanisms based on matrices". In: ASME J. Appl. Mech. 22 (1955), S. 215-221

[11] *Diess, H.:* Rechnerunterstützte Entwicklung flexibel automatisierter Montageprozesse. Berlin : Springer, 1988 (Forschungsberichte Bd. 11). - ISBN 3-540-18799-5

[12] *Dillmann, R.; Huck, M.:* "Ein Softwaresystem zur Simulation von robotergestützten Fertigungsprozessen". In: Robotersysteme 1 (1985) S. 87-98

[13]   *Duelen, G.; Bernhardt, R.:* "Off-line-Programmiersystem". In: ZwF 82 (1987) 6, S. 317-320

[14]   *Duelen, G.; Kirchhoff, U.; Bernhardt, R.; Schreck, G.:* "Algorithmic Representation of Work Cells and Task Description for Off-line-Programming". (Robotics and Computer-Integrated Manufacturing, Budapest, June 1986)

[15]   *Duelen, G.; Kirchhoff, U.; Held, J.; Münch, H.:* "Automatische Bewegungssynthese für bahnbezogen kooperierende Industrieroboter". In: Robotersysteme 3 (1987), S. 107-113

[16]   *Eversheim, W.:* "Simulation als Hilfsmittel zur Produkt-und Produktionsplanung". In: ZWF 82 (1987) 6, S. 333ff.

[17]   *Faulhaber, S.:* "Regelungskonzepte für schwach gedämpfte Antriebe in Handhabungssystemen". In: Robotersysteme 3 (1987), S. 149-160

[18]   *Fenton, R.G.; Benhabib, B.; Goldenberg, A.A.:* "Optimal Point-to-Point Motion; Control of Robots with Redundant Degrees of Freedom". In: ASME J. Eng. f. Ind., (1986) Vol.108, S. 120-126

[19]   *Föllinger, O.:* Lineare Abtastsysteme. München : Oldenbourg, 1986

[20]   *Freund, E.; Bühler, Ch.:* "Entwurf nichtlinearer Regler für Industrieroboter aufgrund von Referenzbahnen und Sensorkorrekturen". In: Robotersysteme 5 (1989), S. 77-84

[21]   *Grimm, W.M.; Frank, P.M.:* "Methoden für die Normabschätzung der Nichtlinearitäten von Roboterbewegungsgleichungen". In: Robotersysteme 5 (1989), S. 85-96

[22]   *Haug, E.J.:* "Elements and Methods of Computational Dynamics". In: NATO ASI Series, Vol F9, Computer Aided Analysis and Optimization of Mechanical System Dynamics, Berlin : Springer, 1984

[23]   *Heiß, H.:* Die explizite Lösung der kinematischen Gleichung für eine Klasse von Industrierobotern. München, Techn. Universität, Inst. für Informatik, Diss., TUM-I8504, 1985

[24]   *Heiß, H.:* "Konstruktionskriterien und Lösungsverfahren für Industrieroboter mit explizit lösbarer kinematischer Gleichung". In: Robotersysteme 2 (1986), S. 129-137

[25]   *Hemami, A.; Labonville, R.:* "Kinematic Equations and Solutions of a Human-arm-like Robot Manipulator". In: Robotics 4 (1988), S. 65-72

[26]   *Hessel, B.:* "Roboter auf schiefer Bahn". In: Roboter (1986), Nr. 2, S. 40-44

[27]   *Hiller, M.; Wanner, M.-C.; Sallam, E.-M.:* "Programmsystem zur Behandlung der Rückwärtstransformation bei sechsachsigen Industrierobotern." In: Robotersysteme 2 (1986), S. 211-216

[28]   *Hirzinger, G.:* "Adaptiv sensorgeführte Roboter mit besonderer Berücksichtigung der Kraft-Momenten-Rückkopplung". In: Robotersysteme 1 (1985), S. 161-171

[29]   *Hornung, B.; Huck, M.; Schneider, S.:* "Interaktive Programmierung von Robotern unter Verwendung von CAD/CAM-Modellen sowie graphischer Simulationstechniken". In: Bericht zum Öffentlichkeitstag "Graphische Robotersimulationssysteme als Baustein zu einer integrierten Produktionsplanung", Universität Karlsruhe, Institut für Prozeßrechentechnik und Robotik, 1988

[30]   *Jacubasch, A.; Kuntze, H.-B.; Arber, Ch.; Richalet,J.:* "Anwendung eines neuen Verfahrens zur schnellen und robusten Positionsregelung von Industrierobotern". In: Robotersysteme 3, (1987), S. 129-138

[31]   *Johanni, R.:* Optimale Bahnplanung bei Industrierobotern. Fortschritt-Berichte, VDI Reihe 18 Nr.51, Düsseldorf (1988)

[32]   *Johanni, R.; Pfeiffer, F.:* "Optimale Bahnplanung für Industrieroboter". In: Robotersysteme 3 (1987), S. 29-36

[33]   *Kemper, A.; Wallrath, M.; Lockemann, P.C.:* "Ein Datenbanksystem für Robotikanwendungen". In: Robotersysteme 2 (1986) S. 177-187

[34]   *Kirchknopf, P.:* Ermittlung modaler Parameter aus Übertragungsfrequenzgängen. Berlin : Springer, 1989 (Forschungsberichte Bd. 20). - ISBN 3-540-51724-3

[35]   *Klein, H.J.:* "Praktische Anwendung und Ergebnisse einer nichtlinearen Regelung für Industrieroboter". In: Robotersysteme 2 (1986), S. 202-210

[36]   *Kortüm, W.; Schiehlen, W.:* "General Purpose Vehicle System Dynamics Software based on Multibody Formalisms". In: Vehicle System Dynamics. In: Int. J. of Vehicle Mechanics and Mobility 14 (1985), S. 229-263

[37]   *Kredler, C.:* PADMOS, modules for linear equality constrained optimization and automatic differentiation. Mathematisches Inst. und Inst. für Informatik der TU München, Interne Dokumentation TUM-M8803 (1988)

[38]   *Kreis, W.; Harkort, R.:* "Zitterspiel und Kompensation". In: Roboter (1987) Nr. 5, S. 40-42

[39]   *Kreis, W.; Harkort, R.:* "Offline-Kompensation der Elastizitäten eines Industrieroboters". In: VDI-Z 131, Nr.4, (1989), S. 75-78

[40]   *Kuntze, H.-B.:* "Position Control of Industrial Robots - Impacts, Concepts and Results". (IFAC-Symposium SYROCO '88, Karlsruhe 1988). - Preprints

[41]   *Kuntze, H.-B.:* Regelungsalgorithmen für Industrieroboter - eine Übersicht. In: Fachberichte Messen Steuern Regeln, Bd. 9, Sehr fortgeschrittene Handhabungssysteme, Berlin : Springer, 1988

[42]   *Kuntze, H.-B.; Jacubasch,A.:* Algorithmen zur versteifenden Regelung von elastischen Industrierobotern. In: Robotersysteme 1 (1985), S. 99-109

[43]   *Kuntze, H.B.:* "Positionsregelung ohne höhere Mathematik". In: Roboter (1988), Nr. 4, S. 28f

[44]   *Leu, M.C.; Park, S.H.; Wang, K.K.:* "Geometric Representation of Translational Swept Volumes and its Applications". In: ASME J. Eng. f. Ind., Vol. 108, (1986), S. 113-119

[45]   *Masri,S.F.; Miller,R.K.; Sassi,H.; Caughey,T.K.:* A "Method for Reducing the Order of Nonlinear Dynamic Systems". In: ASME J. Appl. Mech., Vol. 51, (1984), S. 391-398

[46]   *Meisel, K.-H.:* Fortgeschrittene Gerätestruktur und Programmierung von Robotersteuerungen und - regelungen, In: Fachberichte Messen Steuern Regeln, Bd. 9, Sehr fortgeschrittene Handhabungssysteme, Berlin : Springer, 1983

[47]   *Mertens, P.:* "Roboter im Lernprozeß - Offline-Programmierung von Robotern in Palettierstationen". In: Moderne Fertigung (1988), Nr. 2, S. 24-26

[48]   *Milberg, J.; Diess, H.:* "Rechnerunterstützte Planung von automatischen Montageanlagen". In: VDI-Z, Bd. 128, (1986) 11, S. 443-449

[49]   *Milberg, J.; Garnich, F.; Schwarz, H.:* "CAD-/CAM-Kopplung einer 3D-Laserbearbeitungsanlage". LASER'89 (Kongr.), München, (1989)

[50]   *Milberg, J.; Schrüfer, N.; Tauber, A.:* "Der Montage eine Chance - Robotereinsatz und Rechnerunterstützung für flexibel automatisierte Montage". In: Flexible Automation (1988), S. 25-30

[51]   *Milberg, J.; Schrüfer, N.; Tauber, A.:* "Requirements for Advanced Graphic Robot Programming Systems". (IFAC-Symposium SYROCO '88, Karlsruhe 1988) S. 63.1-63.6. - Preprints

[52]   *Milberg, J.; Tauber, A.:* "Simulation, ein Hilfsmittel zur Integration der betrieblichen Funktionsbereiche". In: Tagungsbericht "Simulation und Integration", München (1989), S. 9-28

[53] *Milberg, J.; Wrba, P.:* "Roboter-Einsatzplanung und Offline-Programmierung mit USIS". In: ZwF 81 (1986), S. 484-488

[54] *Mitsuishi, M.:* "Diagnostic System for Robot Using a Force-Torque Sensor". In: Robotersysteme 5, (1989), S. 40-46

[55] *Moya, M.M.; Homayoun, S.:* "Robot Control Systems: A Survey". In: Robotics 3 (1987), S. 329-351

[56] *Mühlenbruch, J.:* "Roboter-Toleranzen auf der Spur". In: Roboter, (1988), Nr. 4, S. 24-26

[57] *N.N.:* "Cambridge Control packages its dynamic approach." In: The Industrial Robot, 14 (2), (1987), S. 93-94

[58] *N.N.:* "Nürnberger Trichter für Roboter". In: Report (1986) 6, S. 26-32

[59] *N.N.:* "Automation und Robotik im zukünftigen deutschen Raumfahrtprogramm". In: Robotersysteme 2, (1986), S. 189-192

[60] *N.N.:* Unimate Mark III-VAL II Robot, 700 Series (Models 761/762), Mechanical Drawing Set, 394V1 (1985)

[61] *Neumann, C.P.; Murra, J.J.:* "The Complete Dynamic Model and Customized Algorithms of the Puma Robot". IEEE Transactions On Systems Man and Cybernetics, Vol. SMC-17, No.4, (1987), S. 635-644)

[62] *Pfeiffer, F.; Reithmeier, E.:* Roboterdynamik. Stuttgart : Teubner, 1987

[63] *Pfrang, W.:* "Graphische Simulation manueller Arbeitsabläufe mit integrierter Vorgabezeitermittlung nach einem System vorbestimmter Zeiten". In: "Simulation und Integration", Tagungsbericht ASIM, München (1989), S. 341-363

[64] *Prasch, H.:* "Off-Line zum Fräsroboter". In: Roboter (1988) Nr. 6, S. 16-18

[65] *Pritschow, G.; Huan, J.:* "Methode zur Robotersimulation unter Berücksichtigung der schwingungsfähigen Mechanik und lagegeregelten Antriebe". In: Robotersysteme 5, (1989) 69-76

[66] *Pritschow, G.; Koch, T.; Bauder, M.:* "Automatisierte Erstellung von Rückwärtstransformationen für Industrieroboter unter Anwendung eines optimal iterativen Lösungsverfahrens". Robotersysteme 5, (1989), S. 3-8

[67] *Pritschow, G.; Swoboda, W.:* "Digitale Lageregelung von Industrieroboter-Bewegungsachsen". In: Robotersysteme 4, (1988), S. 65-72

[68] *Reddig, M.; Stelzer, J.:* "Iterative Methoden der Koordinatentransformation am Beispiel eines 6-Achsen-Gelenkroboters mit Winkelhand". In: Robotersysteme 2, (1986), S. 138-142

[69]   *Roberson, R.E.:* "On the Recursive Determination of Body Frames for Mulibody Dynamic Simulation". In: ASME J. Appl. Mech. Vol. 52, (1985), S. 698-700

[70]   *Rojek, P.:* "Bruchteile von Sekunden". In: Maschinenmarkt 93 (1987), S. 108-114

[71]   *Rojek, P.; Olomski, J.; Leonhard, W.:* "Schnelle Koordinatentransformation und Führungsgrößenerzeugung für bahngeführte Industrieroboter". In: Robotersysteme 2 (1986), S. 73-81

[72]   *Schmid, D.; Michalak, E.:* "Dynamik programmgeführter und sensorgeführter Industrieroboter". In: Robotersysteme 3 (1987), S. 21-28

[73]   *Schmidt, G.:* Grundlagen der Regelungstechnik. Berlin : Springer, 1987

[74]   *Schweikard, A.; Hommel, G.:* "Berechnung erreichbarer Effektvorstellungen für Handhabungsgeräte mit weniger als sechs Freiheitsgraden". In: Robotersysteme 4 (1988), S. 177-182

[75]   *Schweitzer, M.:* "Maßvoller Roboterzuwachs". In: Roboter (1989), Nr. 2, S. 30-34

[76]   *Schwinn, W.:* "Mehrdeutigkeiten der inversen kinematischen Transformation". In: Robotersysteme 5 (1989), S. 29-39

[77]   *Senger, K.-H.:* "Vergleich linearer und nichtlinearer Mehrkörperformalismen und Programme am Beispiel eines einfachen Modells einer Fahrzeughinterachse", In: Institutsbericht der DFVLR, IB 515-85/02, (1985)

[78]   *Shet, P.N.; Uicker, J.J.:* "IMP (integrated mechanism program), a computer aided design analysis system for mechanisms and linkage". In: ASME J. Eng. Ind. 94 (1972), S. 454-464

[79]   *Siegler, A.:* "Fehleranalyse von Robotermanipulatoren als Teil der Bahnberechnung". In: Robotersysteme 4 (1988), S. 233-239

[80]   *Simon, W.:* Elektrische Vorschubantriebe an NC - Maschinen. Berlin : Springer, 1986 (Forschungsberichte Bd. 5). - ISBN 3-540-16693-9

[81]   *Singh, R.P.; Likins, P.W.:* "Singular Value Decomposition for Constrained Dynamical Systems". In: ASME J. Appl. Mech., Vol. 52, (1985), S. 943-948

[82]   *Spur, G.; Duelen, G.; Wendt, W.:* "Regelungsverfahren zur Verbesserung der Bahngenauigkeit von Industrierobotern". ZwF 84 (1989) 7, S. 363-367

[83]   *Summer, H.:* Modelle zur Berechnung verzweigter Antriebsstrukturen. Berlin : Springer, 1986 (Forschungsberichte Bd. 4). - ISBN 3-540-16394-8

[84]   *Tauber, A.:* "Ein Verfahren zur Lösung der allgemeinen Rücktransformation unter Berücksichtigung von Randbedingungen". In: Robotersysteme 5 (1989), S. 133-140

[85]   *Tauber, A.:* "Bewegungsdatenerfassung bei einem sechsachsigen Industrieroboter". In: ZwF 84 (1989) 10, S. 577-581

[86]   *Tauber, A.; Schuster, G.:* "Robotersimulation - eine CIM-Komponente". In: CAE Journal 4 (1988), S. 30-39

[87]   *Tersch,H.:* "Verbesserung der Positioniergenauigkeit von Industrierobotern". In: Robotersysteme 4 (1988), S. 153-156

[88]   *Türk, S.:* "Aspekte der Robotermodellierung am Beispiel eines manutec r3", In: VDI Berichte 598, VDI/VDE - Gesellschaft Mess - und Regelungstechnik, Steuerung und Regelung von Robotern, Düsseldorf : VDI 1985, S. 85-95

[89]   *Türk, S., Otter, M.:* "Das DFVLR Modell Nr. 1 des Industrieroboters Manutec r3". In: Robotersysteme 3 (1987), S. 101-106

[90]   *Uicker, J.J.; Denavit, J.; Hartenberg, R.S.:* "An Iterative Method for the Displacement Analysis of Spatial Mechanisms". In: ASME J. Appl. Mech. (1964), S. 309-314

[91]   *Visser, A.; Hoppe, B.; Peinemann, F.:* "Bahnverhalten von Gelenkarmrobotern". In: ZwF 84 (1989) 7, S. 373-378

[92]   *Vukobratovic, M.; Kircanski, M.:* Kinematics and Trajectory Synthesis of Manipulation Robots. Scientific Fundamentals of Robotics 3. Berlin : Springer 1986

[93]   *Vukobratovic, M.; Kircanski, N.:* Real-Time Dynamics of Manipulation Robots. Scientific Fundamentals of Robotics 4. Berlin : Springer 1985

[94]   *Vukobratovic, M.; Potkonjak, V.:* Applied Dynamics and CAD of Manipulation Robots. Scientific Fundamentals of Robotics 6. Berlin : Springer 1985

[95]   *Vukobratovic, M.; Potkonjak, V.:* Dynamics of Manipulation Robots. Scientific Fundamentals of Robotics 1. Berlin : Springer 1982

[96]   *Walker, W.; Orin, D.E.:* "Efficient dynamic computer simulation of robotic mechanisms", In: ASME J. Dynamic Systems, Measurement and Control, Vol. 104 (1982), S. 205-211

[97]   *Warnecke, H.-J.; Wanner, M.-C.:* "Entwicklung und Anwendung rechnergestützter Konstruktionshilfen zur Auslegung von Roboterstrukturen". In: Robotersysteme 1 (1985), S. 75-82

[98]   *Wauer, J.:* "Symbolische Generierung der Bewegungsgleichungen hybrider Robotersysteme". In: Robotersysteme 2 (1986), S. 143-148

[99]   *Weck, M.; Niehaus, Th.; Osterwinter, M.:* "Graphisch interaktives Pro-
        grammier- und Testsystem für Industrieroboter". In: Robotersysteme 2
        (1986), S. 193-201

[100]   *Weule, H.; Reichling, B.:* "Optisches Meßsystem zur Genauigkeitsprü-
        fung von Industrierobotern". In: Robotersysteme 3, (1987), S. 189-198

[101]   *Wittenburg, J.; Wolz, U.:* "MESA VERDE - Ein Computerprogramm zur
        Simulation der nichtlineraren Dynamik von Vielkörpersystemem". In:
        Robotersysteme 1 (1985), S. 7-18

[102]   *Wloka,D.; Blug,K.:* "Simulation der Dynamik von Robotern nach dem
        Verfahren von Kane". In: Robotersysteme 1 (1985), S. 211-216

[103]   *Wloka, D.; Holz, H.:* "Simulation von Robotern". In: CAE-Journal
        (1985) 2, S. 34-39

[104]   *Woernle, C.:* "Ein systematisches Verfahren für die Rückwärtstransfor-
        mation bei Industrierobotern". In: Robotersysteme 3 (1987), S. 219-228

[105]   *Wörn, H.; Stark, G.:* "CAD-Simulation unterstützt Robotereinsatz". In:
        Robotersysteme 2 (1986) S. 170-176

[106]   *Wrba, P.:* Simulation als Werkzeug in der Handhabungstechnik. Berlin :
        Springer, 1990 (Forschungsberichte Bd. 25). - ISBN 3-540-52231-X

[107]   *Ziebart, E.:* Forschung, Entwicklung, Innovation in der industriellen
        Praxis. Skript zu einer Vorlesung an der TU München (1984)

Anhang

Marker-Nr.	Position						Kommentar	Part-ID
	x	y	z	al	be	ga		
1000	0	0	0	0	0	0	Zahnkranz	GROUND
1100	0	0	0	0	0	0	Schulterlager.	11
1101	0	-180	-110	0	0	0	Zwischenwelle1	
1102	0	-160	-150	-90	-90	0	CV1-Marker	
1103	0	-248	0	-90	-90	0	CV2-Marker	
1104	0	256	200	0	0	0	Motorlagerung	
1105	0	260	0	0	-90	0	Oberarmlager.	
1199	0	90	0	0	0	0	Schwerpunkt	
1299	0	-180	-110	0	0	0	Zwischenwelle1	12
1300	0	-256	0	0	0	0	Motorlagerung	13
1399	0	-256	200	0	0	0	Schwerpunkt	
2100	0	260	0	0	-90	0	Oberarmlager.	21
2101	110	290	0	0	-90	0	Zwischenwelle2	
2102	51	338	0	-90	-90	0	Zwischenwelle3	
2103	0	338	25,5	-90	-90	0	Motorlagerung	
2104	100	260	0				CV1-Marker	
2105	78	330	0				CV2-Marker	
2106	0	338	17	0	-90	0	CV3-Marker	
2111	0	338	-100,5	-90	-90	0	Motorlagerung	
2112	325	338	-75	-90	-90	0	Zwischenwelle4	
2113	650	295	-75	0	-90	0	Zwischenwelle5	
2114	650	260	0	0	-90	0	Unterarmlager.	
2115	0	338	-92	0	-90	0	CV4-Marker	
2116	618	277	-75				CV5-Marker	
2117	650	260	-65	-90	-90	0	CV6-Marker	
2199	250	-180	0	0	-90	0	Schwerpunkt	
2299	110	290	0	0	-90	0	Zwischenwelle2	22
2399	51	338	0	-90	-90	0	Zwischenwelle3	23
2400	0	338	25,5	-90	-90	0	Motor2	24
2499	-50	338	25,5	-90	-90	0	Schwerpunkt	
3100	650	260	0	0	-90	0	Unterarm	31

3101	650	260	600	0	0	0	Unterarmlager.	
3199	650	260	300	0	0	0	TCP	
3200	0	338	-100,5	-90	-90	0	Motor3	32
3299	-50	338	-100,5	-90	-90	0	Schwerpunkt	
3399	0	338	-75	-90	-90	0	Zwischenwelle4	33
3499	650	295	-75	0	-90	0	Zwischenwelle5	34

Tab. A.1: Markertabelle für PUMA 762

JOINT-ID	MARKERS		Lagerung	TYP
11	1000	1100	Schulter	ROT
12	1299	1101	Zwischenwelle1	ROT
13	1399	1104	Motorwelle1	ROT
20	1105	2100	Oberarm	ROT
21	2299	2101	Zwischenwelle2	ROT
22	2399	2102	Zwischenwelle3	ROT
23	400	2103	Motorwelle2	ROT
31	3100	2114	Unterarm	ROT
32	3200	2111	Motorwelle3	ROT
33	3399	2112	Zwischenwelle4	ROT
34	3499	2113	Zwischenwelle5	ROT

Tab. A.2: Achsverbindungen für PUMA 762

GEAR	JOINTS		Kommentar	CV
11	11	12	Ritzel/Rad1	1102
12	12	13	Motor/Ritzel	110
21	20	21	Welle2/Rad2	2104
22	22	21	Welle3/Welle2	2105
23	23	22	Motor2/Welle3	2106
31	32	33	Motor3/Welle4	2115

| 32 | 33 | 34 | Welle5/Welle4 | 2116 |
| 33 | 34 | 31 | Welle5/Rad3 | 2117 |

Tab. A.3: Definition der Getriebestufen

Abb. A.1: Simulationsmodell für den Roboter PUMA 762:

```
PART/10, GROUND                                    ! BASISTEIL,GRD
MARKER/1000                                        ! ZAHNKRANZ
MARKER/1911                                        ! DUMMY F. MOTOR1
MARKER/1912                                        ! DUMMY F. SCHULTER
MARKER/1921                                        ! DUMMY F. MOTOR2
MARKER/1922                                        ! DUMMY F. OBERARM
MARKER/1931                                        ! DUMMY F. MOTOR3
MARKER/1932                                        ! DUMMY F. UNTERARM
!------------------------------------------------------------
!          BESCHREIBUNG DES SCHULTER-ANTRIEBS
!
!------------------------------------------------------------
PART/11,MASS=50,CM=1199,IM=1199,IP=1E6,1E6,1.16E6  ! SCHULTER
,QG=0,0,0
MARKER/1100                                        ! LAG. SCHULTER
MARKER/1101,QP=0,-180 ,-110                         ! ZWISCHENW.
MARKER/1102,QP=0,-160 ,-150,REULER=-90D,-90D,0     ! CV1-MARKER
MARKER/1103,QP=0,-248,0,REULER=-90D,-90D,0          ! CV2-MARKER
MARKER/1104,QP=0,-256.5, 200                        ! E-MOTOR1-LAG.
MARKER/1105,QP=0, 260 ,0,REULER=0,-90D,0           !OBERARMAUFH.
MARKER/1199,QP=0, 90 ,0                             ! SCHULT.SCHW.
!------------------------------------------------------------
PART/12,MASS=0.5,CM=1299,IM=1299,IP=1E4,1E4,2E3    ! ZWISCHENW.
, QG=0,-180,-110
MARKER/1299                                         ! SCHWERPUNKT
!------------------------------------------------------------
```

```
PART/13,MASS=1,CM=1399,IM=1399,IP=5000,5000,1600     ! E-MOTOR1
,QG=0,-256.5,0
MARKER/1300                                          ! LAGER. E-MOTOR1
MARKER/1399,QP=0,0,200                               ! SCHWERP. E-M1
!------------------------------------------------------------
!           BESCHREIBUNG DES OBERARM-ANTRIEBS
!
!------------------------------------------------------------
PART/21,MASS=65,CM=2199,IM=2199,IP=1E6,1E6,6.4E5     ! OBERARM
,QG=0,260,0
MARKER/2100,QP= 0, 0,  0, REULER= 0 ,-90D,0          ! OBERARMLAG.
MARKER/2101,QP=110,30, 0, REULER= 0 ,-90D,0          ! LAGERUNG
ZWISCHENW1
MARKER/2102,QP= 51,78, 0, REULER=-90D,-90D,0         ! LAGER.
ZWISCHENW2
MARKER/2103,QP= 0,78,25.5,REULER=-90D,-90D,0         ! E-MOTOR2
LAGERUNG
MARKER/2104,QP=100, 0, 0                             ! CV-1-MARKER
MARKER/2105,QP= 78,70, 0                             ! CV-2-MARKER
MARKER/2106,QP= 0,78, 17, REULER= 0 ,-90D,0          ! CV-3-MARKER
MARKER/2111,QP= 0,78,-100.5,REULER=-90D,-90D,0       ! E-MOTOR3
LAGERUNG
MARKER/2112,QP=325,78, -75 , REULER=-90D,-90D,0      ! LAGERUNG
ZWISCHENW3
MARKER/2113,QP=650,35, -75 , REULER= 0 , -90D,0      ! LAGERUNG
ZWISCHENW4
MARKER/2114,QP=650, 0,  0 , REULER= 0 , -90D,0       ! UNTERARMLAG.
MARKER/2115,QP= 0,78, -92 , REULER= 0 , -90D,0       ! CV-4-MARKER
MARKER/2116,QP=618,70, -75                           ! CV-5-MARKER
MARKER/2117,QP=650, 0, -65 , REULER=-90D,-90D,0      ! CV-6-MARKER
MARKER/2199,QP=250,-80,0,REULER= 0 ,-90D,0           ! SCHWERPUNKT
!------------------------------------------------------------
PART/22,MASS=1,CM=2299,IM=2299,IP=1E4,1E4,5E3        ! ZWISCHENW.1
```

```
, QG=0,260,0
MARKER/2299,QP=110,30,0,REULER=0,-90D,0            ! SCHWERPUNKT
!-----------------------------------------------------------
PART/23,MASS=0.25,CM=2399,IM=2399,IP=1E4,1E4,3E3   ! ZWISCHENW.2
, QG=0,260,0
MARKER/2399,QP=51,78,0,REULER=-90D,-90D,0          ! SCHWERPUNKT
!-----------------------------------------------------------
PART/24,MASS=3,CM=2499,IM=2499,IP=5E3,5E3,1600     ! E-MOTOR2
, QG=0,260,0
MARKER/2400,QP= 0,78,25.5,REULER=-90D,-90D,0       ! E-MOTOR2-LAG.
MARKER/2499,QP=-50,78,25.5,REULER=-90D,-90D,0      ! SCHWERPUNKT
!-----------------------------------------------------------
!
!          BESCHREIBUNG DES UNTERARM-ANTRIEBS
!          LAGERUNGEN IM OBERARM (AUCH DORT DEFINIERT)
!
!-----------------------------------------------------------
PART/31,MASS=35,CM=3199,IM=3199,IP=2E5,2E5,1E5     ! UNTERARM
,QG=650,260,0
MARKER/3100,QP=0,0,0,REULER=0,-90D,0               ! UNTERARM-LAG.
MARKER/3101,QP=0,0,600                             ! TCP,HANDLAG.
MARKER/3199,QP=0,0,409.1                           ! SCHWERPUNKT
!-----------------------------------------------------------
PART/32,MASS=3,CM=3299,IM=3299,IP=2E4,2E4,1600     ! E-MOTOR3
, QG=0,260,0
MARKER/3200,QP= 0,78,-100.5,REULER=-90D,-90D,0     ! E-MOTOR3-LAG.
MARKER/3299,QP=-50,78,-100.5,REULER=-90D,-90D,0    ! SCHWERPUNKT
!-----------------------------------------------------------
PART/33,MASS=1.0,CM=3399,IM=3399,IP=1E4,1E4,3E3    ! ZWISCHENW. 3
,QG=325,260,0
MARKER/3399,QP=0,78,-75,REULER=-90D,-90D,0         ! SCHWERPUNKT
!-----------------------------------------------------------
PART/34,MASS=0.3,CM=3499,IM=3499,IP=5E4,5E4,6E3    ! ZWISCHENW. 4
```

```
, QG=0,260,0
MARKER/3499,QP=650,35,-75,REULER=0,-90D,0            ! SCHWERPUNKT
!----------------------------------------------------------
!         BESCHREIBUNG DER KINEMATISCHEN BINDUNGEN
!----------------------------------------------------------
!
!----- GETRIEBEGRUPPE FUER ACHSE 1-----
!
JOINT/11,REVOLUTE,I=1000,J=1100,IC= 0.00, 45D
JOINT/12,REVOLUTE,I=1299,J=1101                      ! ZWISCH.W.LAG.
JOINT/13,REVOLUTE,I=1399,J=1104                      ! MOTORW.LAG.
GEAR/11,JOINTS=11,12,CV=1102                    ! GETRIEBESTUFE 1
GEAR/12,JOINTS=12,13,CV=1103                    ! GETRIEBESTUFE 2
!
!----- GETRIEBEGRUPPE FUER ACHSE 2----
!
JOINT/20,REVOLUTE,I=1105,J=2100,IC= 0.00,15D
JOINT/21,REVOLUTE,I=2299,J=2101                      !ZWISCHENW1-LAGER
JOINT/22,REVOLUTE,I=2399,J=2102                      !ZWISCHENW2-LAGER
JOINT/23,REVOLUTE,I=2400,J=2103                      !E-MOTOR2-LAGER
GEAR/21,JOINTS=20,21,CV=2104                         !ANTRIEBSSTUFE
GEAR/22,JOINTS=21,22,CV=2105                         !ZWISCHENW. 1 -- 2
GEAR/23,JOINTS=22,23,CV=2106                         !RITZEL--ZWISCHENW.
!
!----- GETRIEBEGRUPPE FUER ACHSE 3 -----
!
JOINT/31,I=3100,J=2114,REVOLUTE,IC= 0.00, 60D
JOINT/32,I=3200,J=2111,REVOLUTE                      ! E-MOTOR3-LAGER
JOINT/33,I=3399,J=2112,REVOLUTE                      !ZWISCHENW3-LAGER
JOINT/34,I=3499,J=2113,REVOLUTE                      !ZWISCHENW4-LAGER
GEAR/31,JOINTS=32,33,CV=2115                         !RITZEL-ZWISCHENW3
GEAR/32,JOINTS=33,34,CV=2116                         !ZWISCHENWELLE3--4
GEAR/33,JOINTS=34,31,CV=2117                         ! ANTRIEBSSTUFE
```

```
!----------------------------------------------------------
!          UMDREHUNGSZAEHLER
!----------------------------------------------------------
!
!------ BESCHREIBUNGS-KOMMANDOS FUER ACHSE 1-----------------
!
DIFF/11,IC=0,IMPLICIT,FUNCTION=WZ(1399,1104,1104)-DIF1(11) !E-MOTOR1
DIFF/12,IC=0,IMPLICIT,FUNCTION=WZ(1100,1000,1000)-DIF1(12) !SCHULTER

SFORCE/9111,I=1911,J=1911,TRANS,ACTIONONLY,FUNCTION=DIF(11)
SFORCE/9112,I=1911,J=1911,ROT ,ACTIONONLY,FUNCTION=DIF1(11)
SFORCE/9121,I=1912,J=1912,TRANS,ACTIONONLY,FUNCTION=DIF(12)
SFORCE/9122,I=1912,J=1912,ROT ,ACTIONONLY,FUNCTION=DIF1(12)
REQUEST/911,FORCE,I=1911                   ! UMDR. E-MOTOR-1
REQUEST/912,FORCE,I=1912                   ! UMDR. SCHULTER
!
!------BESCHREIBUNGS-KOMMANDOS FUER ACHSE 2------------------

DIFF/21,IC=0,IMPLICIT,FUNCTION=WZ(2400,2103,2103)-DIF1(21) ! E-MOT2
DIFF/22,IC=0,IMPLICIT,FUNCTION=WZ(2100,1105,1105)-DIF1(22) !OBERARM

SFORCE/9211,I=1921,J=1921,TRANS,ACTIONONLY,FUNCTION=DIF(21)
SFORCE/9212,I=1921,J=1921,ROT ,ACTIONONLY,FUNCTION=DIF1(21)
SFORCE/9221,I=1922,J=1922,TRANS,ACTIONONLY,FUNCTION=DIF(22)
SFORCE/9222,I=1922,J=1922,ROT ,ACTIONONLY,FUNCTION=DIF1(22)

REQUEST/921,FORCE,I=1921                   !UMDR. E-MOTOR-2
REQUEST/922,FORCE,I=1922                   !UMDR. OBERARM
!
!------ BESCHREIBUNGS-KOMMANDOS FUER ACHSE 3 ----------------
!
DIFF/31,IC=0,IMPLICIT,
,FUNCTION=WZ(3200,2111,2111)-DIF1(31)          ! E-MOTOR3
```

```
DIFF/32,IC=0,IMPLICIT,
,FUNCTION=WZ(3100,2114,2114)-DIF1(32)          ! UNTERARM


SFORCE/9311,I=1931,J=1931,TRANS,ACTIONONLY,FUNCTION=DIF(31)
SFORCE/9312,I=1931,J=1931,ROT  ,ACTIONONLY,FUNCTION=DIF1(31)
SFORCE/9321,I=1932,J=1932,TRANS,ACTIONONLY,FUNCTION=DIF(32)
SFORCE/9322,I=1932,J=1932,ROT  ,ACTIONONLY,FUNCTION=DIF1(32)


REQUEST/931,FORCE,I=1931                        ! UMDR. E-MOTOR3
REQUEST/932,FORCE,I=1932                        ! UMDR. UNTERARM
!------------------------------------------------------
!
!    BESCHREIBUNG DER ANTRIEBSREGELUNG UND PHYSIKALISCHER
!    EFFEKTE (REIBUNG,ELASTIZITAET,...)
!
!------------------------------------------------------
SFORCE/10,I=1399,J=1104,ROTATION,
,FUNCTION=USER(1,1,3,1399,1104,1104,41,911)     ! ANTRIEB ACHSE 1
SFORCE/20,I=2400,J=2103,ROTATION,
,FUNCTION=USER(1,2,3,2400,2103,2103,42,921)     ! ANTRIEB ACHSE 2
SFORCE/30,I=3200,J=2111,ROTATION,
,FUNCTION=USER(1,3,3,3200,2111,2111,43,931)     ! ANTRIEB ACHSE 3
!------------------------------------------------------
!MIT DIESEN MOTIONS KOENNEN EINZELNE JOINTS GEHALTEN WERDEN
!------------------------------------------------------
!MOTION/1,JOINT=13,ROTATION,FUNCTION=STEP(TIME,0,0,0.5,70D)
!MOTION/2,JOINT=23,ROTATION,FUNCTION=STEP(TIME,0,0,0.5,45D)
!MOTION/3,JOINT=32,ROTATION,FUNCTION=STEP(TIME,0,0,0.5,45D)
!------------------------------------------------------
!
!    MIT SFORCE-STATEMENTS KORRESPONDIERENDE REQUESTS
!
!------------------------------------------------------
```

```
REQUEST/41,FORCE,I=1399,J=1104,RM=1104          !ANTRIEBSKRAFT1
REQUEST/42,FORCE,I=2400,J=2103,RM=2103          !ANTRIEBSKRAFT2
REQUEST/43,FORCE,I=3200,J=2111,RM=2111          !ANTRIEBSKRAFT3
!-----------------------------------------------------------
!
! SYSTEMOUTPUT ZUR USIS-STEUERUNG MIT USER-WRITTEN-
FUNCTIONS
!                ARMBEWEGUNGEN
!-----------------------------------------------------------
REQUEST/10,FUNCTION=USER(110001,1,5,1100,1000,1000,41,912)
REQUEST/20,FUNCTION=USER(110001,2,5,2400,2103,2103,42,922)
REQUEST/30,FUNCTION=USER(110001,3,5,3200,2111,2111,43,932)
!-----------------------------------------------------------
! GEWICHTSKRAFT, FAKTOREN ZUR BERECHNUNGSSTEUERUNG
!-----------------------------------------------------------
ACCGRAV/KGRAV= -9807.0, GC=1000   ! SCHWERKRAFT
ANALYSIS/ERR=1E-3,                ! MAX. INTEGRATIONSFEHLER
,HINIT=1E-3,                      ! GR. D. 1. INTEGRATIONSSCHRITTS
,HMAX=0.01,                       ! MAX. INTEGRATIONSSCHRITT
,HMIN=1E-8,                       ! MIN. INTEGRATIONSSCHRITT
,ICERR=1E-5,                      ! INITIALISIERUNGSABWEICHUNG
,MAXIT=500                        ! MAXIMALE SCHRITTZAHL F. IC
!-----------------------------------------------------------
END
```

iwb Forschungsberichte

Berichte aus dem Institut für Werkzeugmaschinen und Betriebswissenschaften der Technischen Universität München

Herausgeber: Prof. Dr.-Ing. J. Milberg

1 Streifinger, E.
Beitrag zur Sicherung der Zuverlässigkeit und Verfügbarkeit
moderner Fertigungsmittel
1986. 72 Abb. 167 Seiten, ISBN 3-540-16391-3   68,- DM

2 Fuchsberger, A.
Untersuchung der spanenden Bearbeitung von Knochen
1986. 90 Abb. 175 Seiten, ISBN 3-540-16392-1   68,- DM

3 Maier, C.
Montageautomatisierung am Beispiel des Schraubens mit
Industrierobotern
1986. 77 Abb. 144 Seiten, ISBN 3-540-16393-X   68,- DM

4 Summer, H.
Modell zur Berechnung verzweigter Antriebsstrukturen
1986. 74 Abb. 197 Seiten, ISBN 3-540-16394-8   68,- DM

5 Simon, W.
Elektrische Vorschubantriebe an NC-Systemen
1986. 141 Abb. 198 Seiten, ISBN 3-540-16693-9   68,- DM

6 Büchs, S.
Analytische Untersuchungen zur Technologie der Kugelbearbeitung
1986. 74 Abb. 173 Seiten, ISBN 3-540-16694-7   68,- DM

7 Hunzinger, I.
Schneiderodierte Oberflächen
1986. 79 Abb. 162 Seiten, ISBN 3-540-16695-5   68,- DM

8 Pilland, U.
Echtzeit-Kollisionsschutz an NC-Drehmaschinen
1986. 54 Abb. 127 Seiten, ISBN 3-540-17274-2   68,- DM

9 Barthelmeß, P.
Montagegerechtes Konstruieren durch die Integration
von Produkt- und Montageprozeßgestaltung
1987. 70 Abb. 144 Seiten, ISBN 3-540-18120-2   68,- DM

10 Reithofer, N.
Nutzungssicherung von flexibel automatisierten Produktionsanlagen
1987. 84 Abb. 176 Seiten, ISBN 3-540-18440-6   68,- DM

11 Diess, H.
Rechnerunterstützte Entwicklung flexibel automatisierter
Montageprozesse
1988. 56 Abb. 144 Seiten, ISBN 3-540-18799-5   73,- DM

12 Reinhart, G.
Flexible Automatisierung der Konstruktion
und Fertigung elektrischer Leitungssätze
1988, 112 Abb. 197 Seiten, ISBN 3-540-19003-1   73,- DM

13 Bürstner, H.
Investitionsentscheidung in der rechnerintegrierten Produktion
1988, 77Abb. 190 Seiten, ISBN 3-540-19099-6   73,- DM

14 Groha, A.
Universelles Zellenrechnerkonzept für flexible Fertigungssysteme
1988, 74 Abb. 153 Seiten, ISBN 3-540-19182-8   73,- DM

15 Riese, K.
Klipsmontage mit Industrierobotern
1988, 92 Abb. 150 Seiten, ISBN 3-540-19183-6   73,- DM

16 Lutz, P.
Leitsysteme für rechnerintegrierte Auftragsabwicklung
1988, 44 Abb. 144 Seiten, ISBN 3-540-19260-3   73,- DM

17 Klippel, C.
Mobiler Roboter im Materialfluß eines flexiblen Fertigungssystems
1988, 86 Abb. 164 Seiten, ISBN 3-540-50468-0   73,- DM

18 Rascher, R.
Experimentelle Untersuchungen zur Technologie der Kugelherstellung
1989, 110 Abb. 200 Seiten, ISBN 3-540-51301-9   73,- DM

19 Heusler, H.-J.
Rechnerunterstützte Planung flexibler Montagesysteme
1989, 43 Abb. 154 Seiten, ISBN 3-540-51723-5   73,- DM

20 Kirchknopf, P.
Ermittlung modaler Parameter aus Übertragungsfrequenzgängen
1989, 57 Abb. 157 Seiten, ISBN 3-540-51724   73,- DM

21 Sauerer, Ch.
Beitrag für ein Zerspanprozeßmodell Metallbandsägen
1990, 89 Abb. 166 Seiten, ISBN 3-540-51868-1   78,- DM

22 Karstedt, K.
Positionsbestimmung von Objekten in der Montage-
und Fertigungsautomatisierung
1990, 92 Abb. 157 Seiten, ISBN 3-540-51879-7   78,- DM

23 Peiker, St.
Entwicklung eines integrierten NC-Planungssystems
1990, 66 Abb. 180 Seiten, ISBN 3-540-51880-0   78,- DM

24 Schugmann, R.
Nachgiebige Werkzeugaufhängungen für die automatische Montage
1990. 71 Abb. 155 Seiren, ISBN 3-540-52138-0   78,- DM

25 **Wrba, P**
Simulation als Werkzeug in der Handhabungstechnik
1990, 125 Abb., 178 Seiten, ISBN 3-540-52231-X   78,- DM

26 **Eibelshäuser, P.**
Rechnerunterstützte experimentelle Modalanalyse
mitells gestufter Sinusanregung
1990, 79 Abb., 156 Seiten, ISBN 3-540-52451-7   78,- DM

27 **Prasch, J.**
Computerunterstützte Planung von chirurgischen Eingriffen
in der Orthopädie
1990, 113 Abb., 164 Seiten, ISBN 3-540-52543-2   78,- DM

28 **Teich, K.**
Prozeßkommunikation und Rechnerverbund in der Produktion
1990, 52 Abb., 158 Seiten, ISBN 3-540-52764-8   78,- DM

29 **Pfrang, W.**
Rechnergestützte und graphische Planung manueller
und teilautomatisierter Arbeitsplätze
1990, 59 Abb., 153 Seiten, ISBN 3-540-52829-6   78,- DM

Die Bände sind im Erscheinungsjahr und in den folgenden drei Kalenderjahren
zu beziehen durch den örtlichen Buchhandel
oder durch Lange & Springer, Otto-Suhr-Allee 26-28, D-Berlin 10